"十二五"国家重点图书出版规划项目

现代电磁无损检测学术丛书

钢丝绳电磁无损检测

杨叔子　康宜华　陈厚桂　袁建明　著

林俊明　审

机 械 工 业 出 版 社

本书系统论述了钢丝绳电磁无损检测的基本理论、技术方法与应用，主要介绍了钢丝绳几何损伤（断丝、磨损、锈蚀、形变）的检测和量化评价方面的研究成果。全书共分7章，第1章介绍了钢丝绳损伤及检测方法，第2、3章论述了钢丝绳断丝漏磁场检测方法和钢丝绳金属横截面积测量方法，第4~6章介绍了几种典型的钢丝绳检测方法及应用，第7章介绍了基于仪器探伤的钢丝绳评估。本书是作者20多年来对理论和应用研究成果的总结，可供无损检测相关技术和工程人员参考，也可作为无损检测人员的资格培训和高等院校相关专业的参考教材，书中钢丝绳检测系统的具体实现对其他无损检测开发人员也具有借鉴意义。

图书在版编目（CIP）数据

钢丝绳电磁无损检测/杨叔子等著 . —北京：机械工业出版社，2016.11

（现代电磁无损检测学术丛书）

"十二五"国家重点图书出版规划项目

ISBN 978-7-111-55268-0

Ⅰ.①钢…　Ⅱ.①杨…　Ⅲ.①钢丝绳－电磁检验－无损检验

Ⅳ.①TG115.28

中国版本图书馆 CIP 数据核字（2016）第 257625 号

机械工业出版社（北京市百万庄大街22号　邮政编码100037）
策划编辑：薛　礼　责任编辑：李超群　张丹丹
责任校对：肖　琳　封面设计：鞠　杨
责任印制：李　洋
保定市中画美凯印刷有限公司印刷
2017 年 3 月第 1 版第 1 次印刷
184mm×260mm ·12.25 印张·2 插页·223 千字
0 001—1 500册
标准书号：ISBN 978-7-111-55268-0
定价：118.00元

凡购本书，如有缺页、倒页、脱页，由本社发行部调换

电话服务　　　　　　　　　　网络服务

服务咨询热线：010 – 88361066　机 工 官 网：www.cmpbook.com

读者购书热线：010 – 68326294　机 工 官 博：weibo.com/cmp1952

　　　　　　　010 – 88379203　金　书　网：www.golden – book.com

封面无防伪标均为盗版　　教育服务网：www.cmpedu.com

序 1

利用大自然的赋予，人类从未停止发明创造的脚步。尤其是近代，科技发展突飞猛进，仅电磁领域，就涌现出法拉第、麦克斯韦等一批伟大的科学家，他们为人类社会的文明与进步立下了不可磨灭的功绩。

电磁波是宇宙物质的一种存在形式，是组成世间万物的能量之一。人类应用电磁原理，已经实现了许多梦想。电磁无损检测作为电磁原理的重要应用之一，在工业、航空航天、核能、医疗、食品安全等领域得到了广泛应用，在人类实现探月、火星探测、无痛诊疗等梦想的过程中发挥了重要作用。它还可以帮助人类实现更多的梦想。

我很高兴地看到，我国的无损检测领域有一个勇于探索研究的群体。他们在前人科技成果的基础上，对行业的发展进行了有益的思考和大胆预测，开展了深入的理论和应用研究，形成了这套"现代电磁无损检测学术丛书"。无论他们的这些思想能否成为原创技术的基础，他们的科学精神难能可贵，值得鼓励。我相信，只要有更多为科学无私奉献的科研人员不懈创新、拼搏，我们的国家就有希望在不久的将来屹立于世界科技文明之巅。

科学发现永无止境，无损检测技术发展前景光明！

中国科学院院士

程开甲

2015 年秋日

序 2

无损检测是一门在不破坏材料或构件的前提下对被检对象内部或表面损伤以及材料性质进行探测的学科，随着现代科学技术的进步，综合应用多学科及技术领域发展成果的现代无损检测发挥着越来越重要的作用，已成为衡量一个国家科技发展水平的重要标志之一。

现代电磁无损检测是近十几年来发展最快、应用最广、研究最热门的无损检测方法之一。物理学中有关电场、磁场的基本特性一旦运用到电磁无损检测实践中，由于作用边界的复杂性，从"无序"的电磁场信息中提取"有用"的检测信号，便可成为电磁无损检测技术理论和应用工作的目标。为此，本套现代电磁无损检测学术丛书的字里行间无不浸透着作者们努力的汗水，闪烁着作者们智慧的光芒，汇聚着学术性、技术性和实用性。

丛书缘起。2013 年 9 月 20—23 日，全国无损检测学会第 10 届学术年会在南昌召开。期间，在电磁检测专业委员会的工作会议上，与会专家学者通过热烈讨论，一致认为：当下科技进步日趋强劲，编织了新的知识经纬，改变了人们的时空观念，特别是互联网构建、大数据登场，既给现代科技，亦给电磁检测技术注入了全新的活力。是时，华中科技大学康宜华教授率先提出：敞开思路、总结过往、预测未来，编写一套反映现代电磁无损检测技术进步的丛书是电磁检测工作者义不容辞的崇高使命。此建议一经提出，立即得到与会专家的热烈响应和大力支持。

随后，由福建省爱德森院士专家工作站出面，邀请了两弹一星功勋科学家程开甲院士担任丛书总顾问，钱七虎院士、徐滨士院士、陈达院士、杨叔子院士、张履谦院士等为顾问委员会成员，为丛书定位、把脉，力争将国际上电磁无损检测技术、理论的研究现状和前沿写入丛书中。2013 年 12 月 7 日，丛书编委会第一次工作会议在北京未来科技城国电研究院举行，制订出 18 本丛书的撰写名录，构建了相应的写作班子。随后开展了系列活动：2014 年 8 月 8 日，编委会第二次工作会议在华中科技大学召开；2015 年 8 月 8 日，编委会第三次工作会议在国电研究院召开；2015 年 12 月 19 日，编委会第四次工作会议在西安交通大学召开；2016 年 5 月 15 日，编委会第五次工作会议在成都电子科技大学召开；2016 年 6 月 4 日，编委会第六次工作会议在爱德森驻京办召开。

好事多磨，本丛书的出版计划一推再推。主要因为丛书作者繁忙，常"心有意而力不逮"；再者丛书提出了"会当凌绝顶，一览众山小"高度，故其更难矣。然诸君一诺千金，知难而进，经编委会数度研究、讨论精简，如今终于成集，圆了我国电磁无损检测学术界的一个梦！

最终决定出版的丛书，在知识板块上，力求横不缺项，纵不断残，理论立新，实证鲜活，预测严谨。丛书共包括九个分册，分别是：《钢丝绳电磁无损检测》《电磁无损检测数值模拟方法》《钢管漏磁自动无损检测》《电磁无损检测传感与成像》《现代漏磁无损检测》《电磁无损检测集成技术及云检测/监测》《长输油气管道漏磁内检测技术》《金属磁记忆无损检测理论与技术》《电磁无损检测的工业应用》，代表了我国在电磁无损检测领域的最新研究和应用水平。

丛书在手，即如丰畴拾穗，金瓯一拢，灿灿然皆因心仪。从丛书作者的身上可以感受到电磁检测界人才辈出、薪火相传、生生不息的独特风景。

概言之，本丛书每位辛勤耕耘、不倦探索的执笔者，都是电磁检测新天地的开拓者、观念创新的实践者，余由衷地向他们致敬！

经编委会讨论，推举笔者为本丛书总召集人。余自知才学浅薄，诚惶诚恐，心之所系，实属难能。老子曰："夫代大匠斫者，希有不伤其手者矣"。好在前有程开甲院士屈为总顾问领航，后有业界专家学者扶掖护驾，多了几分底气，也就无从推诿，勉强受命。值此成书在即，始觉"千淘万漉虽辛苦，吹尽狂沙始到金"，限于篇幅，经芟选，终稿。

洋洋数百万字，仅是学海撷英。由于本丛书学术性强、信息量大、知识面宽，而笔者的水平局限，疵漏之处在所难免，望读者见谅，不吝赐教。

丛书的编写得到了中国无损检测学会、机械工业出版社的大力支持和帮助，在此一并致谢！

丛书付梓费经年，几度惶然夜不眠。

笔润三秋修正果，欣欣青绿满良田。

是为序。

现代电磁无损检测学术丛书编委会总召集人
中国无损检测学会副理事长

林俊明

丙申秋

前　言

钢丝绳的无损检测具有重要的意义，不但能够防止断绳事故，而且能够延长钢丝绳寿命。早在1992年，作者出版了《钢丝绳断丝定量检测原理与技术》一书，阐述了断丝漏磁检测方法，尤其是断丝的定量化检测。随着钢丝绳结构的改进和制绳技术的发展，成绳钢丝直径的多样化，单根钢丝数量已不足以表达钢丝绳的损伤状况，为此，钢丝绳金属横截面积损耗的定量化评价十分重要。另一方面，随着钢丝绳电磁无损检测仪器的广泛应用，以及电磁无损检测技术的不断发展，钢丝绳的无损检测由采用手持式仪器实施定期检测，发展为自动化在线检测和监控。

本书内容初稿形成于2002年，随着研究的深入、应用的扩展，方方面面的内容不断充实和完善，一直未能形成满意的终稿。至今，仍然还有些内容不尽如人意。

本书的内容与成果是众多研究人员集体智慧的结晶。本书共分7章，第1章和第2章的部分内容来自陈厚桂的博士论文，第3章的部分内容来自袁建明的博士论文，其他内容主要来源于康宜华和杨叔子的研究成果。全书由杨叔子和康宜华规划、统稿、编写与修改。陈艳婷、冯博、杨芸、邓志扬等参与了书稿部分章节的修改和磁场计算。武汉华宇一目检测装备有限公司的多位工程师参加了钢丝绳无损检测仪器与系统的设计和应用推广工作。林俊明研究员对全书进行了审阅。

近30年的钢丝绳电磁无损检测的研究和应用表明，钢丝绳缺陷的定量化无损检测十分困难，一方面由于钢丝绳本身结构的复杂性，另一方面由于钢丝绳应用环境的多样性，因而，钢丝绳全生命周期的检测、监测和评估困难重重。本书在钢丝绳几何损伤（断丝、磨损、锈蚀、形变）的检测和量化评价方面迈出了一步。"嘤其鸣矣，求其友声"，书中的不足恳请读者批评指正。

作　者

目　　录

第1章　钢丝绳损伤及检测方法概述

　　钢丝绳在使用过程中的安全性及可靠性受到四个方面的影响。一是钢丝绳的基本结构参数，如韧性、密度、支撑表面的大小和结构伸长等；二是在使用过程中所具备的外部条件，如提升环境、卷筒与钢丝绳直径比、载荷情况和润滑状况等；三是使用中的损伤状况及发展趋势，如断丝、磨损、锈蚀、畸变、形崩和疲劳等；四是运行过程中的突发事件，如脱离绳槽、紧急制动和冲击等。这几个方面均直接影响钢丝绳的静态强度、动态强度、安全系数和寿命。为此，国内外的科技工作者和工程应用人员进行了广泛的研究。本章将简要介绍这方面的研究成果，以利于读者对后续章节的理解。

1.1　钢丝绳结构

　　在古代，缆索是用植物纤维、毛发、皮革等制作的；在近代工业应用上，钢丝绳则改用经过特殊处理的高拉伸强度钢丝制作，它诞生于1834年。钢丝绳的柔性比相同抗拉强度的钢棒高400~1200倍，故吊桥等用的较长缆绳一般采用钢丝绳，主要原因是它可以绕成卷，方便运输；另一方面，它的表面弹性系数是钢的1/3，具有吸收冲击的特性。为适应各种用途的需要，钢丝绳的结构多种多样，粗细规格尺寸及强度特性变化范围宽广。

　　钢丝绳是把高碳钢丝绞在芯线上做成子线，在多次集结子线的同时拧紧、绞制而成的。钢丝绳中各种单线的配制按其绞制方向分100多种，且使用多种粗细规格的钢丝，标准制品钢丝直径范围为0.1~5.0mm，钢丝绳的直径范围为0.6~120.0mm。对于特殊用途的钢丝绳，如大型斜拉桥的斜缆和大跨度悬索桥的主缆索，钢丝直径一般为5.0~7.0mm，缆索直径有的达2m。

　　由于股数和捻向的不同以及股中钢丝数目、直径、断面形状和排列方式的不同，钢丝绳分成了许多不同的类型（图1-1），其性能和适应的使用条件均不一样。制造钢丝绳的钢丝直径过细，则易于磨损；钢丝直径过粗，则难以保证抗弯疲劳性能。根据钢丝的韧性，钢丝绳分为特号、1号和2号三种。

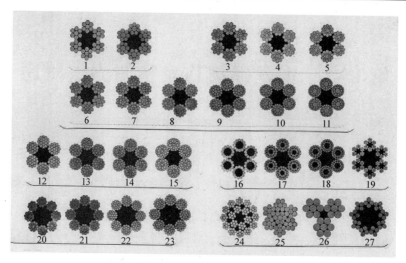

图 1-1　典型的钢丝绳断面

1.1.1　绳股

钢丝绳通常由 3 ~ 9 根绳股构成，用得最多的是 6 根绳股结构的钢丝绳。柔软性要求较高时，采用 8 根绳股结构的钢丝绳。当要求钢丝绳无自转时，采用 2 层以上绳股结构的钢丝绳。

一般而言，相同直径的钢丝绳，随着绳中绳股根数的增加，钢丝的直径变细，钢丝绳的柔软性增强，抗拉强度降低，耐磨性和抗形变减弱。

1.1.2　捻制方式

通常由同一直径或不同直径的 7 ~ 10 根绳股、单层或多层捻制成钢丝绳。按照丝在股中、股在绳中捻制方向的关系，钢丝绳可分为交互捻（逆捻）和同向捻（顺捻）两种形式。

交互捻钢丝绳，其丝在股中（一次捻）和股在绳中（二次捻）捻向相反，各绳股间的接触状态为点接触，股中内外层钢丝以等捻角、不等捻距绕制，多以相同直径的钢丝制造。理论上，所有钢丝承受的拉力相同，但由于钢丝间为点接触，有应力集中和二次弯曲现象，易磨损。较典型的有 6 × 7、6 × 9、6 × 24 结构的钢丝绳。交互捻捻制的钢丝绳外表面上的钢丝轴线与钢丝绳轴线平行，如图 1-2 所示。在漏磁检测中，断丝断口产生的漏磁场较强，在检测信号中易于发现。

顺捻钢丝绳，其丝在股中（一次捻）和股在绳中（二次捻）捻向相同，股中内外层钢丝以等捻距、不同捻角方式捻绕，钢丝间是线接触状态，多以不同直径钢丝捻制。这类绳没有二次弯曲现象，比较柔软，寿命较高。典型结构有：6 × Fi（25）、6 × WS（36）、8 × S（19）等。顺捻钢丝绳的基本型分为三种：西鲁型（Seale）、瓦林吞型（Warrington）和填充

图 1-2　钢丝绳捻向及捻距

型（Filler）。顺捻捻制的钢丝绳外表面上的钢丝轴线与钢丝绳轴线成一定角度，如图 1-2 所示。在漏磁检测中，断丝断口产生的漏磁场较弱，在检测信号中不易发现。

另外，将交互捻和顺捻组合应用后可构成组合型钢丝绳，如瓦林吞－西鲁（Warrington Seale）型。

钢丝绳的捻距指一股钢丝沿绳轴向的螺距，钢丝绳的股距指相邻绳股沿绳轴向的间隔。很明显，它们与钢丝绳的结构和规格有关，如图 1-2 所示。

1.1.3　绳芯

钢丝绳的芯绳可采用纤维芯和钢绳芯。纤维芯的作用有二：其一，给钢丝绳定型；其二，储存润滑油。它与钢绳芯相比有下述优点：①柔软性好；②吸振性好；③重量轻；④润滑较好。钢绳芯有独立钢绳股芯和中心填充钢丝绳芯两种，具有下述优点：①强度高；②槽向抗挤压能力强；③伸长量小，直径不会变细；④耐热性优良。

钢丝绳公称直径指按图 1-3 所示的正确测量方法测得的值，有时用专用卡尺测量。实际直径容许的误差，对于 ϕ10mm 以下直径的钢丝绳为 0 ~ 10%；对于 ϕ10mm 以上直径的钢丝绳为 0 ~ 7%。钢丝绳的种类特别多，随着股形状、股结构、捻制方向、配线规格等不同，结构上千变万化。表 1-1 详细列出了钢丝绳结构分类与应用范围。

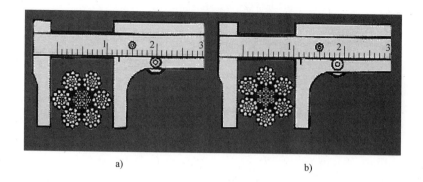

a)　　　　　　　　　　　　　　　　　b)

图 1-3　钢丝绳直径测量方法

a）正确　b）不正确

表 1-1　钢丝绳结构分类与应用范围

结构分类		特　　点	应用范围
按股数分	单股绳	由若干层钢丝沿同一根绳芯绕制而成。这种钢丝绳挠性差，僵性最大，不能承受横向压力	不用于提升
		密封式钢丝绳，是专门制造的一种特种构造，表面光滑，横向承载能力强	索道的承载索，钢丝绳罐道、较深矿井多绳提升的首绳
	多股绳	先由钢丝绕成股，再由股围绕绳芯绕成。挠性受绳芯材料影响很大。比单股绳挠性好	工业中广泛应用
	多层不扭转股	由两层绳股组成，它们的捻制方向相反，采用旋转力矩平衡的原理捻制而成。受力时，自由端不会发生旋转。在卷筒上支撑表面受力比较大，且有较大的抗挤压强度，使用时不易变形。总破断拉力大于普通钢丝绳	用于凿井提升，多绳摩擦提升的首绳与尾绳
按绕制方向分	同向捻（顺捻）	钢丝绕成股的方向和股捻成绳的方向相同，称为同向捻，如绳股右捻称为右同向捻；如绳股左捻，称为左同向捻 这种钢丝绳钢丝之间接触较好，表面比较平滑，挠性好，磨损小，使用寿命较长，但是容易扭转	竖井提升
	交互捻（逆捻）	钢丝绕成股的方向和股捻成绳的方向相反，称为交互捻。如绳右捻，股左捻，称为右交互捻；绳左捻，股右捻，称为左交互捻。缺点是僵性较大，使用寿命较低，但不容易扭转	用作尾绳、斜井串车提升

（续）

结构分类		特　点	应用范围
按绳中丝与丝的接触状态分	点接触	普通钢丝绳，股内钢丝直径相等，各层之间钢丝具有近似相等的捻角，捻距不同。丝间呈点状接触，接触应力很高，使用寿命较低	一般应用
	线接触	股内各层之间的钢丝全长上平行捻制，具有相同的捻距，钢丝之间呈线状接触。消除了点接触的二次弯曲应力，能降低工作时总的弯曲应力，耐疲劳性能好。结构紧密，金属断面利用系数高，使用寿命长	广泛应用
	面接触	股内钢丝形状特殊，呈面状接触，表面光滑，耐蚀性和耐磨性均好，承载力大	值得发展和推广应用
按股横截面形状分	圆股	股横截面形状是圆形，结构简单，易于制造，价格低	广泛应用
	异形股	股横截面主要有三角形、椭圆形和扁圆形。它的支撑表面比圆股钢丝绳大 3~4 倍，耐磨性好，不易产生断丝。结构密度大，在相同绳径和强度条件下，总破断拉力大于圆股钢丝绳。使用寿命比普通圆股钢丝绳约高 3 倍	三角股已被竖井提升广泛应用
按绳芯分	天然纤维芯（麻芯或棉芯）	具有较高挠性和弹性，不能承受横向压力，不能承受高温辐射	一般应用
	合成纤维芯	具有较高挠性和弹性，不耐高温，不能承受高温辐射	广泛应用
	金属芯	强度较高，能承受高温和横向压力，但挠性较差	适宜在承受冲击负荷、热和挤压条件下使用

1.2　钢丝绳损伤类型及特征

在使用过程中钢丝绳会出现多种形式的机械损伤，使钢丝绳强度降低。例如，由于钢丝磨损和锈蚀引起金属横截面积的减小；由于疲劳、表面硬化、锈蚀引起钢丝绳内部性能的变化；使用不妥引起钢丝绳的变形等。在役钢丝绳可能出现单线断裂、腐蚀、磨损、乱线等机械损伤。各种损伤的状况及分布，对钢丝绳强度减小的影响程度不一，而钢丝绳又往往会因某一段出现严重损伤后而让整个钢丝绳报废。因此，研究钢丝绳各种损伤将有益于对其状态的正确评价。

1.2.1　断丝

1. 断丝的分类

钢丝绳中的断丝一般可分为疲劳断丝、磨损断丝、锈蚀断丝、剪切断丝以及过载断丝、扭结断丝等，后两种断丝属于事故状态下发生的。各种情况下典型的断口形状如图1-4所示。

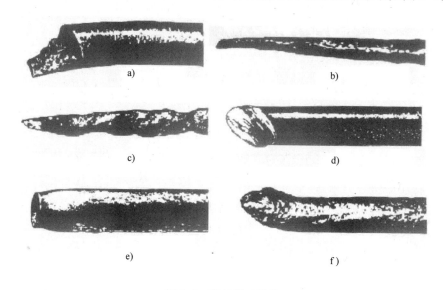

图1-4　断丝断口形状

a）疲劳断丝　b）磨损断丝　c）锈蚀断丝　d）剪切断丝　e）过载断丝　f）扭结断丝

（1）疲劳断丝　钢丝绳通过滑轮或卷筒时，在容许应力作用下承受一定的反复弯曲次数后，由于金属疲劳而引起的断丝称为疲劳断丝。提升钢丝绳在使用过程中，每一个工作循环都包括直线提升、过天轮或主导轮、绕于卷筒、空载下放，钢丝承受的是动载荷，绳中每根钢丝上受到的作用力是交变应力。疲劳断丝的断口形状平齐，像刀切一样，只有一小部分是最后被拉断的。理论上讲，疲劳断丝出现在股的弯曲程度最厉害的一侧外层钢丝上，通常情况下，疲劳断丝的出现意味着钢丝绳已经接近使用后期。

（2）磨损断丝　在钢丝磨损极其严重时才会出现磨损断丝。断口两侧呈斜茬，断口扁平。

（3）锈蚀断丝　锈蚀严重的钢丝绳使用后期会出现锈蚀断丝，断口形状不整齐，呈针尖状。

（4）剪切断丝　一般是钢丝在某一拐角上被硬性拉断，断口形状呈前切状，如果开始出现断丝的绳股中这种断丝数量较多，说明在某一角度上钢丝绳受到的阻力较大。

（5）过载断丝　过载断丝是钢丝绳承受过载负荷或冲击力过大所造成的一种断丝，正常使用过程中很少出现。断口形状类似正常拉断，呈杯状塑性收缩。单纯的过载钢丝破断部位分散，伴有冲击，折弯时又易集中在一股中。

（6）扭结断丝　扭结断丝是钢丝绳由于松弛造成扭结现象后出现的断丝，断口平整光滑似镜面。

此外，经常在腐蚀性环境下使用的钢丝绳，受各种腐蚀介质影响会产生不规则的氢脆性断丝，氢脆现象的出现是很危险的，往往潜藏着断绳事故。

正常情况下，钢丝绳中的断丝以疲劳断丝和磨损断丝为主，在整根钢丝绳上，这两类断丝往往出现在钢丝绳承受疲劳载荷最大的部位。下面分析了几种典型工况下断丝发生的部位。

1）煤炭、有色金属开采中的主井提升钢丝绳，其断丝报废的部位大多是当罐笼在井底时靠近滚筒和天轮间的绳段。分析认为，主井提升多为满载提升，起动过程中，滚筒段的钢丝绳不仅静张力为最大，而且由起动所造成的动张力也最大。

2）在多层缠绕卷筒提升设备中，层重叠的钢丝绳部位，特别是第一层结束与第二层开头或第二层结束与第三层开头等的重叠的几圈钢丝绳段。卷筒上第一层钢丝绳与卷筒间的接触状态较好，因为卷筒的衬层材料硬度较低，如枕木，且钢丝绳的排列有序；而在层与层转接的绳段，钢丝绳的接触则成为绳与绳之间的硬性接触，挤压、磨损较重。除此之外，由于钢丝绳难以规则排列，通常由于绳排列轨迹的变动，产生冲击载荷，挤压变形和磨损严重。因此，多层缠绕式卷筒提升设备，其钢丝绳的使用寿命往往比单层缠绕式设备要短得多，而钢丝绳报废的主要形式是疲劳断丝和磨损断丝。

3）绳头与提升容器（罐笼）间的桃形接头处的钢丝绳段。因桃形环的曲率半径较小，钢丝绳在此处弯曲，受到的弯曲疲劳载荷较大，且在卷扬设备起动和罐笼下放到井底时，桃形环与钢丝绳产生的冲击载荷大且频繁。由于挤压，股与股间的磨损加剧，发生各种断丝的概率增大。实际使用过程中，这部分钢丝绳，包括桃形环槽内和绳卡部位的钢丝绳发生内部断丝的情况较多。

4）起重机中，定滑轮附近段钢丝绳。在频繁起重作业中，定滑轮直径较小，这段钢丝绳受到的弯曲应力较大，磨损严重，因而出现断丝的概率也就较大。

5）港口起重机用钢丝绳出现断丝而造成报废的情况最多。因为港口作业时，钢丝绳承受的负载变动较大，不像煤矿提升钢丝绳，因而受到动载产生疲劳断丝较多。其次是冲击、磨损严重，作业负荷大且无规律。

6）架空索道的承载绳，在支架处的钢丝绳段，受到冲击、弯曲载荷比支架间绳段要大，因而断丝的可能性也就较大。索道牵引绳的接头处，因受力复杂，也是断丝发生的主要部位。

钢丝绳在运行过程中，不仅出现外部断丝，而且内部也有，由于钢丝绳的结构和运行条件不同，钢丝绳的内外部断丝的分布情况也不同，相差悬殊。有些主井钢丝绳因为断丝而报废的，其内部断丝（外部看不到的）大大多于外部断丝（表面能发现的）；当外部断丝在一个捻距内达5%时，其内、外部断丝总数则达到20%～30%或更多，由于内部断丝过多，钢丝间的抑制力减弱，断丝由内部转化为外部，因此，其外部断丝的发展速度骤然加快。另外有些主井和斜井，虽然属于断丝报废类型，但其外部断丝在一个捻距内达5%时内部几乎无断丝。在金属矿提升中，江西漂塘钨矿、大冶有色金属公司赤马山矿等以断丝报废的钢丝绳在一个捻距内达10%时，内部几乎无断丝，其他多数矿（如开滦、焦作等）的某些钢丝绳的内外部断丝情况介于上面两种情况之间。因此，断丝产生的原因是复杂多样的。

2. 断丝对整绳强度的影响

钢丝绳出现断丝后将使钢丝横截面积减小，破断拉力降低。试验证明，破断拉力的降低与断丝多少及分布情况有关。一个捻距内断丝率在30%以内时，钢丝绳破断拉力的降低与断丝率成一定比例。需要注意的是，若断丝分散在全绳上而不是集中在一个捻距内时，对整绳破断拉力影响较小。在一个捻距内，断丝分散在各股与集中在一股里又有明显区别。从表1-2中可以看出，断丝集中在一股中引起的拉力降低比分散在各股中时多几倍。在表1-5中所述的允许断丝数是指分布在一个捻距内各股中的断丝总和。如果集中出现在某一股上，则拉力降低会成倍增加，允许的断丝数相应减少一半左右。

表1-2　集中断丝数及其位置分布对整绳破断拉力的影响

断丝数	断丝位置	拉力降低率（%）
14根（约10%）	集中在一股上，一个面上	26.6
14根（约10%）	分散在两个捻距	2.3
14根（约10%）	分散在各股，在绳的同一横断面上	9.6
14根（约10%）	分散在三个捻距	3.6
30根（约20%）	集中在两股，一个面上	42.2
30根（约20%）	分散在两个捻距	5.0
30根（约20%）	分散在各股，在绳的同一横断面上	21.6
30根（约20%）	分散在三个捻距	3.7
42根（约30%）	集中在一股上，一个面上	43.1
42根（约30%）	分散在两个捻距	6.2
42根（约30%）	分散在各股，在绳的同一横断面上	27.5
42根（约30%）	分散在三个捻距	6.0

注：1. 表中试验的钢丝绳品种是6×24，断丝方法是在新绳上人工切断。

　　2. 拉力降低率为损伤后的破断拉力与新绳破断拉力的百分比。

对部分现场报废绳样进行整绳破断强度试验的结果见表 1-3。对绳样进行动载冲击试验表明，当报废段钢丝绳上的磨损与锈蚀较轻，其整绳破断拉力的降低与断丝产生的横截面积总和减小直接相关。

表 1-3 报废绳样破断试验结果

矿井名称	钢丝绳结构	捻距内断丝数	捻距内相对断丝（%）	拉力降低率（%）
开滦林西	$6 \times 19 - \phi 33\text{mm}$	6	5.4	4.6
大同忻州窑矿	$6 \times 19 - \phi 30.5\text{mm}$	24	11.0	9.2
开滦马家沟一号井	$6 \times 19 - \phi 46.5\text{mm}$	4	3.5	4.4
开滦马家沟一号井	$6 \times 19 - \phi 46.5\text{mm}$	6	5.2	9.5
开滦马家沟一号井	$6 \times 19 - \phi 46.5\text{mm}$	11	9.6	10.4
开滦马家沟三号井	$6 \times 19 - \phi 46.5\text{mm}$	6	5.2	7.6
开滦马家沟三号井	$6 \times 19 - \phi 46.5\text{mm}$	10	8.8	9.9
开滦唐山一号井	$6 \times 19 - \phi 46.5\text{mm}$	11	5.2	4.6
大窑沟矿	$6 \times 19 - \phi 34\text{mm}$	32	28.0	28.6
大窑沟矿	$6 \times 19 - \phi 34\text{mm}$	39	34.2	35.4
枣庄甘霖矿主井	$6 \times 19 - \phi 31\text{mm}$	47	41.2	41.0
枣庄甘霖矿主井	$6 \times 19 - \phi 31\text{mm}$	12	10.5	14.6
枣庄矿北井	$6 \times 19 - \phi 40.5\text{mm}$	9	7.8	10.8
枣庄矿北井	$6 \times 19 - \phi 40.5\text{mm}$	8	7.0	9.5
平顶山二矿副井	$6 \times 19 - \phi 25\text{mm}$	13	11.4	6.2
平顶山二矿副井	$6 \times 19 - \phi 25\text{mm}$	21	18.4	18.2
平顶山二矿副井	$6 \times 19 - \phi 25\text{mm}$	27	23.6	29.7
平顶山四矿主井	$6 \times 19 - \phi 34\text{mm}$	26	22.8	20.7
平顶山十二矿主井	$6 \times 19 - \phi 28\text{mm}$	56	49.1	46.0
峰峰红旗矿主井	$6 \times 19 - \phi 34\text{mm}$	26	22.8	28.5
峰峰东方红二坑主井	$6 \times 19 - \phi 40.5\text{mm}$	19	16.6	12.3
峰峰返修矿	$6 \times 19 - \phi 34\text{mm}$	15	13.2	15.5

1.2.2 磨损

钢丝绳中钢丝磨损将使钢丝绳内钢丝横截面积总和减少，能承受的拉力降低。钢丝绳外部磨损程度目前通过测量钢丝绳直径的减少率来衡量，一般来讲，钢丝绳破断拉力下降率和钢丝绳直径减少率成比例关系，而局部磨损比沿圆周磨损破断拉力下降率增加近一倍，如图

1-5 所示。

　　由于磨损引起应力集中的影响，其破断拉力下降率稍高于钢丝横截面积的减少率。局部变形磨损和挤压磨损，虽然有时并没有减少多少钢丝横截面积，但由于受到高温或局部应力集中的影响，使钢丝材质硬化，容易产生断丝。

　　需要说明的是，由于磨损使钢丝绳直径减少率超过报废标准的情况，在点接触钢丝绳中较少发生。因为点接触钢丝绳在使用后期容易发生疲劳断丝，往往在直径变细不到 10% 时，断丝早就超过了报废指标。

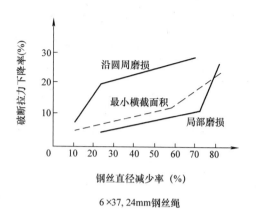

图 1-5　绳径减少率和钢丝横截面积总和减少率的关系

1.2.3　弯曲疲劳

　　钢丝绳经过一定次数反复弯曲使用后，疲劳对其性能的影响如图 1-6 所示。可以看出，钢丝绳弯曲疲劳对破断拉力有一定的影响，初期略有增加，然后急剧下降。当出现第一根疲劳断丝时，点接触钢丝绳破断拉力下降4% ~8%，线接触钢丝绳下降约12%。

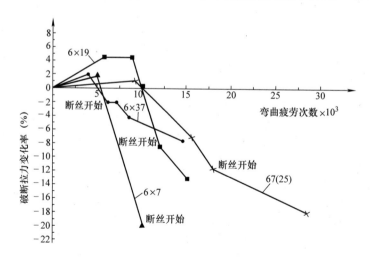

图 1-6　弯曲疲劳与破断拉力的关系

1.2.4　锈蚀

　　钢丝绳在使用过程中，由于长时间受到日晒和湿气、雨雪、海洋性气雾、游离酸以及其他有害气体的侵蚀会遭到腐蚀破坏。所谓钢丝绳的锈蚀（生锈、腐蚀），就是钢丝绳的金属表面受周围介质化学或电化学作用而产生的破坏现象。

锈蚀可分为外部锈蚀和内部锈蚀。目前只能采用目测和敲打的办法来检查锈蚀。内部锈蚀的检查比外部锈蚀困难得多，通常采用下述方法：

1）将钢丝绳股与股之间设法拧开。

2）通过检查绳径是否粗细不均来判断。一般钢丝绳如果内部锈蚀，在经常通过滑轮部位，绳径减小；而不经常通过滑轮部位，绳径变粗。

3）用小锤轻轻敲击，听声音检查。有咔嚓、咔嚓的响声，就说明绳的内部已有锈蚀。

4）通过检查外层绳股之间的间隙来判断。若间隙减小，则有锈蚀，通常与绳股凹陷处断丝同时产生。

锈蚀损伤不是单独存在的，一般同疲劳和磨损一起出现。

钢丝绳锈蚀后，它的力学性能随之降低。钢丝绳锈蚀后不仅使金属横截面积减小，影响拉力，并导致绳芯（指天然纤维绳芯）腐烂，而且股与股之间钢丝磨损加快，钢丝绳直径变细，钢丝韧性尤其扭转值明显下降。在实践中，锈蚀对钢丝绳力学性能的影响，远远超过断丝和磨损的影响，到目前为止还未能找到合适方法用数量的概念来衡量锈蚀的程度。为便于分析，将锈蚀分成表 1-4 所示的四个等级，并粗略估计它对钢丝绳力学性能的影响。

表 1-4 锈蚀的分级

级别	力学性能损失	钢丝绳表面锈蚀程度
轻度（Ⅰ）	约 10%	钢丝变色，失去光泽，有锈皮或麻点（在钢丝表面呈细小黑点）
轻重（Ⅱ）	10%～25%	钢丝表面锈皮较厚或有麻坑，但尚未连接起来
严重（Ⅲ）	25%～40%	有锈蚀裂纹，麻点形成麻坑，连成麻沟，外层钢丝松动
危险（Ⅳ）	40%以上	锈蚀面积大，钢丝失去圆形，股间钢丝咬痕深达 1/3～1/2

大量的实践证实，锈蚀对钢丝绳使用寿命的影响是明显的。由于锈蚀的原因，有些优良结构的钢丝绳显示不出结构的优越性。因此，使用中及时保护和涂油是提高使用寿命的重要措施。

1.2.5 形崩（变形）

钢丝绳在搬运和使用过程中，由于受到突然的撞击或冲击，而产生破坏钢丝绳原来结构的现象称为形崩（变形）。形崩不仅直接损坏了一部分钢丝，更因为改变了钢丝绳形状，破坏了原来合理的结构，产生了诸如拉应力再分配等现象，加速磨损和弯曲疲劳等损坏。形崩产生的原因较多，主要有下列几种类型。

1. 压扁

钢丝绳局部压扁，往往因其从高处摔下或受其他物件的冲撞挤压、乱绕在卷筒上、使用负载过大引起。另外，钢丝绳从滑轮轮槽上滑出后落在轴上也会造成局部压扁现象。局部压扁使一部分钢丝损坏，绳和股结构受到破坏，对性能影响较大，不仅拉力降低，而且加速断丝的产生和不规则的磨损。

2. 股松弛

钢丝绳在过小的滑轮上工作时，由于受到剧烈的张力变化，个别股出现松弛或陷落。股松弛会使各股所承担的应力失去平衡，极大地减小了钢丝绳的破断拉力。

3. 波浪形

钢丝绳上的波浪形现象对破断拉力有所影响，一般下降30%以下。

4. 扭结

由于钢丝绳的局部加捻或松捻，在绳上会出现扭结。钢丝绳一旦形成扭结，其破断拉力明显下降。尽管有些扭结的钢丝绳经过修复，表面上看不到明显的痕迹，但其内部还是留下了伤痕，特别容易造成局部磨损和断丝，并导致意想不到的事故。产生扭结后破断拉力要下降40%~60%，修复后仍下降15%~25%。

5. 弯折

钢丝绳的局部受到冲击可能形成弯折。这种损伤使钢丝绳局部弯曲产生永久变形，严重时弯折处拉力损失达80%左右。

6. 起壳（灯笼形）

普通钢丝绳在大载荷下突然卸载，有可能外层股浮起形成灯笼形。多股钢丝绳分层制造，当受到附加力矩（加捻或松捻现象）或滑轮组过多，使内外层股力矩平衡遭到破坏，形成变形分层，如外层股为"灯笼形"（加捻时）或内层芯子"突出外露"，发生这种损伤，一般不能正常使用。

7. 绳芯飞出和拉断

使用弯曲半径过小，会出现绳芯外露或芯和股的位置互相交替。出现芯和股的位置互相交替或局部绳芯拉断现象虽然拉力只稍有减小，但由于形状发生变化，明显影响使用寿命。

8. 捻距变化

新钢丝绳制造时遇到松捻或加捻，产生捻距变化，对破断拉力和伸长等性能有影响。实际使用中发生松捻，虽对拉力没有影响，但会影响疲劳特性。

事实上，在钢丝绳使用过程中，上述损伤的产生与发展是相互影响的，钢丝绳锈蚀会加剧磨损（绳径变细）损伤，磨损又将促成断丝的发生，只是在各使用状态下，损伤发展的速度和程度不尽相同。

在钢丝绳的缺陷检测和诊断实践中，通常根据钢丝绳上损伤（或缺陷）的不同性质和状况，将钢丝绳损伤分为两大类：局部类缺陷（localized fault，LF）和横截面积损耗类缺陷（loss of metallic area，LMA），具体分类是这样的：

（1）LF 类　在钢丝绳上局部位置产生的损伤，主要包括内、外部断丝，锈蚀斑点，局部形状异常等。

（2）LMA 类　使钢丝绳横截面上金属横截面积总和减小的损伤，主要包括磨损、锈蚀、钢丝绳绳径缩细等，相对于 LF 类缺陷，这类缺陷沿钢丝绳轴线方向上的变化一般较缓慢。

1.3　钢丝绳报废标准

钢丝绳在使用过程中一向被当作"命根子"看待，但钢丝绳上一旦出现或产生损伤将是不可修复的，因此，对钢丝绳缺陷检测和诊断的目的，不是为了及时整修，而是为了及时了解它的损伤状况，并监视其发展速度与趋势，让钢丝绳"带病"安全地工作，直至报废。为了确保使用过程中钢丝绳的安全运行，针对不同的使用环境，各国均制定了相应的行业标准，这些标准给出了钢丝绳报废的定量指标，见表 1-5。

表 1-5　主要国家矿井提升钢丝绳报废标准

制定标准的国家	钢丝绳报废标准的数量和质量指标
美国	1）一个捻距内断丝数超过 10% 2）一股绳中接近断丝数超过 30% 3）绳股外侧的钢丝磨耗至最初直径的 2/3 4）断丝与磨耗同时发生，断丝面积的损耗大于 15%
英国	1）经截取绳样试验，其外部整个断丝或锈蚀疲劳断丝的安全系数损失大于 10% 2）磨损造成的强度损失达 20%
日本	1）锈蚀、畸变、磨耗及断丝等使安全系数降至 30% 以下 2）一个捻距内的断丝数超过 10% 3）一股中接近断丝数超过 5%

（续）

制定标准的国家	钢丝绳报废标准的数量和质量指标
法国	三个捻距内计算的断丝总数大于绳中钢丝总数的 10%
德国	1）在 50 倍钢丝绳直径的长度内，计算的断丝横截面积大于绳中全部钢丝横截面积的 15%
	2）一个捻距中计算的断丝横截面积超过绳中全部钢丝横截面积的 5%
俄罗斯	1）一个捻距中计算的断丝数超过绳中全部钢丝数的 5%
	2）外部钢丝的磨损量大于 40%
	3）遭受猛烈拉力的局部绳段的伸长量超过 0.5%
加拿大	绳样钢丝集合破断力的下降量大于 10%
匈牙利	在 10m 长度内的断丝数超过绳中钢丝总数的 7.5%
墨西哥	1）一个捻距内有两根断丝
	2）外部钢丝磨损大于 35%
南非	绳头做"加载－拉伸"试验时，绳样与标准图的偏差大于 3%
中国	1）一个捻距内的断丝总数超过 10%
	2）绳外层钢丝磨损至最初直径的 2/3 以下

从表 1-5 中可以看出，各国均将钢丝绳上断丝数量，特别是一定长度内的断丝总数作为检验钢丝绳是否报废的首要标准，其次是对磨损的定量指标。从上述各种损伤的特征分析也可以看出，断丝是钢丝绳锈蚀、磨损发展到一定程度的结果。因此，研究钢丝绳缺陷的检测和诊断，首先应从断丝和磨损的定量检测开始。

综上所述，钢丝绳本身的结构特点使得绳中缺陷表现出不同于一般缺陷的特征。因此，结合钢丝绳的结构特点和缺陷特征研究缺陷检测的原理、方法、仪器以及检测信号的分析识别方法，将形成对钢丝绳缺陷无损检测评价的特点。

1.4 钢丝绳破损检验方法

提升设备及其构件的安全性在机械设计中一向是十分重要的。在 1834 年发明钢丝绳的当初，没有用来确定钢丝绳尺寸的特征值，但人们知道，钢丝绳不会像链条那样突然断开，而是不断地出现断丝后强度逐渐削弱才被拉断的。对钢丝绳绕过滑轮而产生的弯曲应力和压应力的影响未曾考虑，仅仅从拉应力出发确定钢丝绳的横截面积。那时，人们将钢丝绳看作一束均匀受拉的平行钢丝（至今也是如此），用钢丝横截面积之和 A 和每根钢丝的许用拉应力 $\sigma_{\mu 1}$ 相乘之积，求得钢丝绳的许用拉力 $F_{\mu 1}$，即

$$F_{\mu 1} = A\sigma_{\mu 1} \tag{1-1}$$

许用应力 $\sigma_{\mu 1}$ 由钢丝的破断应力 σ_B 和安全系数 γ 之比求得，即

$$\sigma_{\mu 1} = \sigma_B / \gamma \tag{1-2}$$

以后多年的经验指出，不但是拉应力，滑轮的直径也对钢丝绳的寿命起着决定性的影响。1880 年，Reuleaux 合理地推导出弯曲应力 σ_b 与钢丝绳直径 D_w 和滑轮直径 D 之间的关系，即

$$\sigma_b = E_w D_w / D \tag{1-3}$$

式中，E_w 为钢丝的弹性模量；D_w 为钢丝绳直径；D 为滑轮直径。

计算出的总应力 σ 是拉应力与弯曲应力之和，即

$$\sigma = F_{\mu 1} / A + E_w D_w / D \tag{1-4}$$

尽管式（1-4）并不完全符合钢丝绳的实际情况，但在当时，在认识上向前迈出了重要的一步。由于没有考虑到其他附加应力的影响，式（1-4）的不足是促使人们采用细钢丝来制作钢丝绳，但因钢丝与绳槽之间的挤压应力增大，钢丝绳的使用寿命反而缩短。

1915 年，德国的 Benoit 首创了一种钢丝绳试验机，并开始系统研究钢丝绳参数和结构特征对使用寿命的影响。1940 年出版了钢丝绳和钢丝绳驱动系统的计算标准 DIN4130，它是 Woernle（Benoit 的助手）的重要研究成果。1974 年，Woernle 的继承者 Hugo Müller 对该标准进行了修改。随着钢丝绳力学性能试验研究工作的深入，人们认识到，钢丝绳破断拉力与钢丝绳静载荷之商的安全系数并没有真正表达出钢丝绳的安全性。这是因为：①钢丝绳内的钢丝承受多种附加载荷，安全系数未能包括这些载荷；②钢丝绳是一种寿命有限的零件，经过一定的使用时间后，它的钢丝开始陆续断裂，其安全性在使用过程中是变化的；③当考虑全部外界影响，并确保钢丝绳足够长的寿命时，必须选用很大的安全系数。钢丝绳的安全系数在较宽的范围内变化，从 $\gamma = 3.5$（载人缆车的牵引绳）到 $\gamma = 8 \sim 14$（提升绳），因此，安全系数作为评价在役钢丝绳的安全性是不严格的，相同的安全系数可以对应很宽的结构可靠性，即从满意的高可靠性到令人沮丧的低可靠性。

对设计者而言，安全系数是确定钢丝绳参数的重要指标。对使用单位来说，要制定专门的报废标准来确定钢丝绳受到的损伤（如断面缩减、钢丝绳单位长度内或使用期内的断丝数增加），应用单位根据这一标准基本上可以知道某根钢丝绳是否安全，即是否必须用一根新的钢丝绳取而代之。

钢丝绳报废标准是通过大量的试验和现场应用的经验经严密统计分析后得出的，主要给出了当拉伸、弯曲、挤压和摩擦等操作负荷瞬时提高时钢丝绳发生的损伤与钢丝绳破断力下

降的极限情况，也即破断力下降到最低点（即安全系数达不到设计或使用要求）时的损伤状况。实际使用过程中，随着损伤的从无到有，以及急剧发展，钢丝绳的安全系数将从大到小动态地变化。对于安全系数要求高的操作条件，如振动负荷重、单位时间内载荷的交变次数高、操作时间长等，钢丝绳的报废要求苛刻，使用寿命相对较短；而对那些要求较低的操作环境，如以承受静拉力为主、操作时间短等，报废标准相对宽松，使用寿命也就较长。因此，钢丝绳检测的主要参数应该是使用中的钢丝绳的动态安全系数，它主要由钢丝绳的残余承载能力（破断拉力）决定，而钢丝绳的损伤（包括宏观的机械性损伤和微观的疲劳、锈蚀等）又直接影响着破断拉力。钢丝和钢丝绳的应力形式很多，不能直接测出或测不准。在未能直接测量钢丝绳的破断拉力时，只有退而求其次，检测钢丝绳的损伤，不但要做整绳疲劳检验，而且要从制造情况、运行特点、更换钢丝绳标准等几方面说明其特征。所以，钢丝绳的检验方法一般分为破损检验法和无损检验法。

然而，只有钢丝绳断裂时的拉力、交变弯曲次数或断丝数的最大值还不足以说明问题，有时了解产生断丝与钢丝绳磨损的内在因素，对于钢丝绳寿命，甚至整个设备的安全使用都具有决定性的意义。因此，除了检验钢丝绳的强度和使用情况外，有时还必须用物理化学方法分析研究钢丝绳的磨损情况。

由于各钢丝绳应用的工况不同，根据报废时钢丝绳的形状、磨损及其原因，可在试验中推算钢丝绳寿命，对同一规格的相同设备上使用的钢丝绳的寿命长短做出一些初步估计，从而获得某根钢丝绳较安全的使用期限，实施定期更换。

钢丝绳检验的主要目的是用尽可能少的人力和时间掌握尽可能多的钢丝绳试样状况的数据。很可惜的是，虽然检验方法很多，但上述目的在钢丝绳检验上恰恰不易实现。

钢丝绳的破损检验方法有静力试验和动力试验之分。静力试验时将钢丝绳加载、破坏直至断裂；动力试验时交变加载直至不能使用为止。

1.4.1 拉力试验（静态试验）

拉力试验能简便地测定用于计算钢丝绳静负荷的基本参数，如实际破断力或最大抗拉力、拉伸长度的变化、钢丝绳断裂前的完全伸长量、断裂的特征等。该项试验在拉力试验机上进行。根据使用情况和最大拉力的不同，拉力试验机有卧式和立式两种，用机械传动或液压驱动。除了在制成钢丝绳之后（即安装使用之前）做拉力试验外，钢丝绳验收的复核检验以及使用一段时间后钢丝绳残余抗拉强度的测定也采用拉力试验，该方法是整绳破坏性检验的重要方法之一。

1.4.2　疲劳试验（动态试验）

疲劳强度试验用来测定钢丝绳在恒定的反复脉动或交变负荷下的力学性能参数。钢丝绳的疲劳试验分为拉伸脉动范围内的疲劳试验和弯曲疲劳试验。

拉伸脉动范围内的疲劳试验与拉力试验相反，钢丝绳上的拉应力在最大与最小应力之间一般呈正弦形变化，通过疲劳试验可知断丝数目与载荷交变次数间的关系。

交变弯曲疲劳试验只能采用专用试验设备，试验时，单根或多根受检钢丝绳在拉力加载情况下，通过一个或多个绳轮反复地弯曲直至绳断裂为止。载荷周期有两种形式：①交变弯曲，钢丝绳由弯到直再回复到原来弯曲的位置弯曲，或者由直到弯再回复到原来直的位置受拉；②反交变弯曲，钢丝绳由弯到直再往相反方向弯曲。钢丝绳交变弯曲疲劳试验的参数有：绳轮间距、绳轮直径、轮槽的材料、偏角等。除为观察第一根断丝而中断试验外，一般是连续不断地运行直至断裂。试验规定以第一股断裂为钢丝绳断裂，此时的断丝数以及钢丝绳的残余抗拉强度作为钢丝绳的特征值。试验结果（交变弯曲次数、断丝数、残余抗拉强度等）与绳径（钢丝绳结构）、钢丝绳润滑状况、钢丝绳预应力、绳轮材料、绳轮直径、轮槽材料、轮槽形状等试验参数有关。值得注意的是，即使规定了试验过程并采用同样的钢丝绳，要比较由不同的交变弯曲疲劳试验机所得到的试验结果是困难的，一方面因为环境条件不同，另一方面因为彼此不同的机器特征各异。为解决这一问题，同级别的不同试验机之间必须是兼容的，犹如同一台试验机得出的结论一样，否则，只能每次在同一台机器上做试验来比较试验参数的变化。

在交变弯曲试验中，可获得尽可能多的参数，例如，应力交变次数、绳应力、绳扭转、绳温、断丝状况等。在试验方法上，可将拉力、疲劳强度、交变弯曲疲劳试验进行联合试验，以减少试验时间，同时尽可能真实地模拟应力状态。

1.4.3　在役钢丝绳的破坏性试验

钢丝绳悬挂使用后，根据安全规程的规定，必须定期对钢丝绳或钢丝进行破断试验。例如：

1）升降人员或升降人员和物料用的钢丝绳，自悬挂时起每隔 6 个月试验 1 次；悬挂吊盘的钢丝绳，每隔 12 个月试验 1 次。

2）升降物料用的钢丝绳，自悬挂时起经过 1 年进行第 1 次试验，以后每隔 6 个月试验 1 次。

定期试验的内容主要有拉断、弯曲和扭转三种试验,并根据试验结果对钢丝绳的安全系数做出评估。定期试验的钢丝绳一般截取的是在役钢丝绳的绳头或绳尾上的一段。

下面给出普通圆形股 ϕ34mm(6×19)钢丝绳使用过程中定期试验结果。表1-6 为钢丝绳定期破断试验报告。表1-7 为新绳钢丝破断力试验统计结果。为了使分析结果更为精细,对多根样本钢丝进行 10 次左右的破断试验,为此,在每次截取样绳时要求取长一些。表1-8 为使用半年后钢丝破断力试验统计结果。表1-9 为使用一年后钢丝破断力试验统计结果。

表1-6　钢丝绳定期破断试验报告

序号	项目名称	内容
1	矿务局名称	枣庄矿务局
2	矿井名称	陶庄煤矿三斜井
3	钢丝绳制造厂名称	贵阳钢绳股份有限公司
4	钢丝绳用途	提物
5	提升方式	斜井提升
6	挂绳日期	1992 – 10 – 28
7	钢丝绳股数	6 股
8	每股钢丝数	19 根
9	钢丝绳直径	34mm
10	钢丝直径	2.2mm
11	钢丝全部的总破断力	765.84kN
12	钢丝绳全部钢丝的总横截面积	410.54mm^2
13	钢丝抗拉强度	1.85kN/mm^2
14	钢丝韧性标号(级)	一级
15	钢丝的弯曲次数	11 次到 17 次,容许 8 次
16	钢丝的平均拉力	6.28kN 到 6.92kN,平均 6.72kN
17	不合格钢丝数	弯曲 0 根;扭转 0 根;拉断 0 根
18	安全系数	6.6(当荷重为 115.4kN 时)
19	是否符合《煤矿安全规程》第 365 条规定	符合

表1-7　新绳钢丝破断力试验统计结果

钢丝破断力/kN	失效频数	累积失效频数	累积失效概率
6.2	3	3	0.026
6.3	3	6	0.052
6.4	9	15	0.131
6.5	10	25	0.219
6.6	19	44	0.385
6.7	29	73	0.650
6.8	20	93	0.815
6.9	10	103	0.903
7.0	9	112	0.982
7.1	2	114	1.000

注:1. 钢丝绳总的钢丝数为 114 根。
　　2. 累积失效概率 = 累积失效频数/总钢丝数。

表 1-8　使用半年后钢丝破断力试验统计结果

钢丝破断力/kN	失效频数	累积失效频数	累积失效概率
6.2	3	3	0.026
6.3	11	14	0.122
6.4	19	33	0.289
6.5	30	63	0.552
6.6	24	87	0.763
6.7	12	99	0.868
6.8	11	110	0.964
6.9	3	113	0.991
7.0	1	114	1.000

注：1. 钢丝绳总的钢丝数为 114 根。
　　2. 累积失效概率 = 累积失效频数/总钢丝数。

表 1-9　使用一年后钢丝破断力试验统计结果

钢丝破断力/kN	失效频数	累积失效频数	累积失效概率
6.1	2	2	0.017
6.2	5	7	0.061
6.3	15	22	0.192
6.4	23	45	0.394
6.5	28	73	0.640
6.6	19	92	0.807
6.7	11	103	0.903
6.8	9	112	0.982
6.9	2	114	1.000

注：1. 钢丝绳总的钢丝数为 114 根。
　　2. 累积失效概率 = 累积失效频数/总钢丝数。

1.4.4　断裂分析

除在破坏性试验中获得的技术数据之外，对断裂或磨损的分析也是解释断裂原因的有价值的方法之一。

1. 损伤试验时钢丝绳断丝数记录

在破坏性试验完成后，扭开钢丝绳再数出其中的断丝数量及分析断口状态是一种最为可靠准确的方法，但研究断丝的发生及发展过程时，对分析断丝产生的原因将更具意义。对试验过程中断丝发生时刻的检测与记录用得较多的有两种方法：固体声测法和空气声测法。

（1）固体声测法　在一根钢丝绳的单丝中，因材料疲劳及多种应力作用，钢丝会产生细小裂纹。若应力超过钢丝的破断拉力，则单根钢丝断裂，产生冲击式脉冲，引起纵向脉动的声波，叫作"固体声"。因此，采用声发射检测传感器与钢丝绳轴线平行地安装，并让测量过程与引起断丝的应力交变次数同步，记录并分析连续发射信号，得到随着不同的循环次数而变化的断丝根数变化曲线。

（2）空气声测法　空气声测法确定断丝的原理与固体声测法基本相同。断丝产生的脉冲冲击，引起了瞬间的声响，采用拾声器垂直于钢丝绳轴线放置，接收断丝产生的声音，以记录断丝的发生。与固体声测法相比，空气声测法所需的设备费用较低，是一种有实用价值的方法，但已经断裂的钢丝会使背景噪声增大。在试验过程的后期，断丝产生的脉冲声响不能大大超过背景噪声，否则断丝信号不易发现。

当然，采用其他无损检测方法也可以对试验过程中的断丝情况进行记录和分析，这些方法在下述章节中将详细论述。

2. 断丝显微检查

断丝的断裂面是作用力作用后的最终结果。根据断裂面的情况，不仅可以从本质上，而且可以从量上了解断裂机理以及各种损伤作用影响值间的相互关系。在这里，显微检查区分为宏观显微检查和微观显微检查。宏观断口检查时以较低的放大倍数观察断口结构，而微观检查时则以超过10万倍的放大倍数观察断口结构。用于微观显微观察的仪器有电子显微镜和光栅电子显微镜。

3. 金相组织分析

分析观察的另一个重点是研究并观察裂纹，确定其与裂纹扩展有关的断面金相组织。显微观察提供了有关组织结构，即晶粒相互排列及其取向和结构情况。制作磨片的第一步是在所观察部位取样，这时可观察到打磨之前的原有组织；然后把所取试样镶入合成树脂、抛光并进行显微观察。对钢丝而言，制作磨片的位置很重要，要了解钢丝断裂的真正原因，必须制作纵断面磨片。此外，各种磨样深度能发现偶然的裂纹位置，并由钢丝横断面追踪该裂纹，以便掌握裂纹的位置及其扩展情况。

1.5　钢丝绳的无损检测

1.5.1　钢丝绳无损检测方法

无损检测法在不改变钢丝绳状态和使用性能的前提下，直接对在役钢丝绳的损伤进行检测和评估，进而推断其破断拉力、使用寿命期限。由于破损检测只能对钢丝绳的某段样本进行试验，而在役钢丝绳定期检验的样本不可能在其中的任意段截取，因而送检样绳的检验结果存在局限性，在某些情况下，它不能够准确反映钢丝绳上最薄弱处或全绳的状况。与破损检测不同，无损检测能了解钢丝绳的全貌，也就是说能探测出钢丝绳所有的损伤，即使是内部缺陷的检测，也如同表面缺陷一样暴露无遗。因此，从钢丝绳诞生之日起，无损检测钢丝绳的方法得到世界各国科技工作者的重视，而随着科学技术的不断发展，检测技术和手段不断完善。

钢丝绳从它产生的那一天起，就伴随无损检测问题。经过近一个世纪的研究和发展，无论在检测原理，还是在实现技术上，都产生了质的飞跃。表 1-10 给出了曾经采用过的原理和方法。由于技术实现上的困难，有些方法已经被淘汰。下面着重介绍已在工程实践中使用和正在研究开发的几种检测方法。

表 1-10　钢丝绳无损检测方法

方法	测量原理	表现方式	优点	缺点
固体声测法	在断丝发生的瞬间记录下纵向脉冲分量	图线	能连续自动记录断丝	目前仅用于实验室，仪器费用高，只能在断丝时采用
空气声学法	在断丝时记录下所产生的声学信号	图线	仪器费用低，能连续自动记录断丝	难以防止其他干扰声的影响，目前只用于实验室
人工目视法	以低于 0.3m/s 的速度缓慢检测钢丝绳表面	无自动记录，直接分析结果	一种简易方法，能确定表面损伤	耗费时间，人为因素影响大，油泥等影响结果准确性
光学法	CCD 摄像头检测钢丝绳表面	图像	检测精度高	设备费用高，受油泥影响，用于测量钢丝绳直径
声学法	敲击钢丝绳	无自动记录，直接分析结果	一种简易方法	测量片面，表达力差，主要用于评定钢丝绳锈蚀
机械法	通过加载和长度测量来测定钢丝绳的弹性	数据		施加应力和长度均难准确掌握
磁性法	测定漏磁场	图线	能测定断丝、锈蚀、坑点、畸变	锈蚀、磨损、断丝同时存在时难以区分
	测量主磁通量	图线	能测定钢丝绳金属横截面积变化	不宜用于检测断丝
	磁性成像	图像	能精确定位断丝、锈蚀区	结构复杂，图像解释不唯一

（续）

方法	测量原理	表现方式	优点	缺点
X 射线	用强 X 或 γ 射线垂直于绳轴照射	拍摄照片	能确知断丝	仪器和射线的防护装置费用高，长时间曝光不能连续测量
声发射法	测定钢丝绳结构在发生变化时发射出的超声波	传声分析		仪器费用高，只能在静载部分使用
超声法	超声波在介质中传播	回波图		不能详尽地反映钢丝绳状况，因每根钢丝都有反射
磁致伸缩法	磁致伸缩效应	图线	非穿过式测量，可一次测量 100m 内的钢丝绳缺陷	对小的断口和缺陷变化的分辨力、检出力不够
电涡流法	电涡流效应	图线	可检测出断丝断口、锈蚀	集肤效应影响断丝检测，信号信噪比低
电流法	测定固定钢丝绳长的欧姆电阻	图线或数据	能确知断面状况	要掌握移动的钢丝绳端部应力、温度和伸长量均有困难
振动检测法	横向激励振动波在绳中传播	图线	可检测出钢丝绳横截面积变化区	缺陷分辨力不够

1.5.2　钢丝绳电磁无损检测技术的发展

由于钢丝绳绝大多数采用导磁性能良好的高碳钢制成，因此电磁无损检测方法成为探伤的首选方法。

对于 LMA 类缺陷的检测，根据检测元件在磁路中位置的不同，可以分为主磁通检测法和回磁通检测法。典型的电磁检测基本原理如图 1-7 所示，图 1-7a 为基于线圈励磁的主磁通检测法，图 1-7b 为基于永磁励磁的主磁通检测法，图 1-7c 为基于永磁励磁的回磁通检测法，图 1-7d 为 LF 类缺陷基于永磁励磁的漏磁检测法。

钢丝绳电磁无损检测技术可以追溯到 1906 年，南非的 C. McCann 和 R. Colson 发明了基于交流励磁的电磁无损检测装置，并且获得了德国专利。该装置采用交流磁化的方式，当测量横截面积发生变化时，励磁线圈与测量线圈之间的耦合阻抗将随之改变，记录检测线圈中感应电动势变化，就可以对导致钢丝绳横截面积变化的缺陷进行分析。1906—1938 年间，

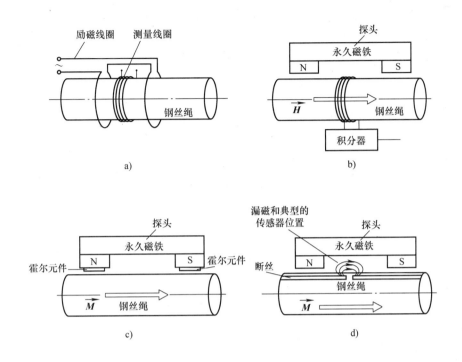

图 1-7　钢丝绳电磁无损检测原理

国外开发的大量基于交流磁化方法的钢丝绳检测仪器，绝大多数是在上述专利的基础上改进形成的。由于交流磁化方法存在集肤效应、涡流损失以及检测渗透深度不够，随后的发展逐渐被以永磁磁化为基础的直流电磁检测方法替代。

由于交流磁化方法对钢丝绳的局部损伤不敏感，1925 年，德国的 H. Chappuzeau 首次提出了采用直流线圈对钢丝绳进行励磁的漏磁检测方法与装置。当钢丝绳上存在局部损伤时，其附近将产生空间扩散漏磁场，利用检测线圈测量这一磁场，则可以按顺序测量钢丝绳的局部损伤缺陷。实际上，真正将这种方法应用于钢丝绳检测，是在 1937 年由 R. Wornle 与 H. Muller 发明了分离式径向感应线圈之后。1925—1955 年期间，国外在 H. Chappuzeau 的装置基础上，也开发了大量基于直流磁化方法的钢丝绳检测仪器。直流电流磁化装置结构庞大、操作复杂，逐渐被永磁磁化装置替代。

1976 年，加拿大的 F. Kitzinger 与 G. A. Wint 提出了用霍尔元件检测钢丝绳横截面变化和局部损伤的方法和装置。紧接着，为了进一步简化装置，加拿大的 F. G. Tomaiuolo 与 J. G. Lang 在 1985 年提出了采用磁通门组合技术检测横截面变化和局部损伤的方法与装置。

国内钢丝绳无损检测技术起步比较晚，直至 20 世纪 80 年代才出现针对单一因素进行检测的装置。1986 年，煤炭科学研究总院抚顺分院研制成功了能同时检测 LMA 和 LF 类缺陷的 TGS 型探伤仪。华中科技大学（原华中工学院、华中理工大学）从 1984 年开始钢丝绳无损检测的基础理论和仪器等方面的研究，在缺陷的电磁解释、识别、定量化以及漏磁成像等方面卓有成效，研究成果在武汉华宇—目检测装备有限公司（原华中理工大学机电工程公司）获得了较好的推广应用。

1.5.3　钢丝绳电磁无损检测仪器

钢丝绳的发明最初是为了满足矿井提升的需要，而此前的非金属绳索普遍存在承载力低，在矿井的腐蚀性环境中容易腐蚀、断裂的弱点。因此，自 19 世纪 30 年代出现钢丝绳以来，钢丝绳制造技术得到了极大的关注和发展，同时，钢丝绳的安全检查和评估也一直得到有关机构的重视。

钢丝绳的承载力损失（loss of breaking strength，LBS）普遍被作为衡量钢丝绳是否报废的指标。起初，人们猜想 LBS 与钢丝绳的金属横截面积直接相关，因此，在出现钢丝绳无损检测仪器后，如何利用无损检测仪器推断 LBS 就成为研究的重要课题。1953 年，A. Semmelink 发现，LBS 与依据电磁无损检测仪器所做出的结论并不一致，钢丝绳的 LBS 与横截面积之间并不呈现简单的线性关系，后来 T. Harvey 和 H. W. Kruger 对此进行研究，确定了断丝、金属损失和腐蚀对钢丝绳破断力的影响，成为评估钢丝绳状况的基础。

虽然通过无损检测不能直接获得钢丝绳的 LBS，但它是钢丝绳 LBS 评估的基础。毫无疑问，使用钢丝绳无损检测仪器将有利于提高钢丝绳使用的安全性；同时，采用电磁检测，代替目前不合理的钢丝绳报废规则，获得更经济、合理的更换方法。因此，在各类钢丝绳报废标准中，无损检测都是一种重要的检测手段。

准确检测出断丝是执行钢丝绳判废标准的基础。在 20 世纪 70 年代末、80 年代早期，英国的健康安全实验室（Health & Safety Laboratory，HSL）用带有人工缺陷的密封钢丝绳试样对一些钢丝绳无损检测仪进行了评估，掌握当时电磁检测仪器的检测精度。评估结果表明，大部分仪器不能精确地检测出钢丝绳中的缺陷。1990—1993 年，南非的矿业机构曾经对矿井中正在使用的四条 ϕ48mm（15 股）钢丝绳进行了跟踪试验，研究结果表明：这四条钢丝绳的内部都出现了毁坏，但是外部无法发现，而且也不能被钢丝绳无损检测的定期检测结果发现。由于对钢丝绳进行定期无损检测以后，事故依然继续发生，南非的 SIMRAC 在 20 世纪末用电磁无损检测仪器对多层、低扭转钢丝绳的检测能力做出评估，评估主要针对世界上最先进的九种钢丝绳无损检测仪器。测试分析结果表明：这些仪器对 LMA 的检测精度明显高于 LF，仪器相互之间的性能差别很大，不能对多层股钢丝绳中的断丝做出有效定量检测。1999 年，英国的健康和安全机构（Health & Safety Executive，HSE）公布由雷丁大学的学者，对美国 Non – destructive Technology Inc. 、英国 British Coal 和波兰 Meraster 提供的三种仪器进行了详细的评估。此外，其他机构也开展了一定规模的评估，如美国矿业安全和健康机构开展了许多工业现场和实验室对 LMA 测试仪的测试研究。加拿大的 CANMET 开展的 1986 ~ 1990 项目和 1990 ~ 1992 项目等。

钢丝绳无损检测技术和仪器的检测能力评估对于钢丝绳的安全使用非常重要。ASTM 标准定义了如何测试钢丝绳，但是没有任何特别的性能要求；POLISH 标准也定义了方法和计量的程序，但是只是针对 POLISH 生产的无损检测仪器。

1.5.4 检测信号分析处理

当传感器将钢丝绳的缺陷信号采用一定的原理和方法提取出来以后，信号的分析处理手段也是十分重要的。最简单的方法是将信号在示波器上显示出来，进一步地，采用笔式记录仪或磁带记录仪记录。早期的钢丝绳检测仪，如 Magnograph 和 LMA 系列探伤仪，都采用了笔式记录仪。到了 20 世纪 80 年代，随着计算机技术和数字处理技术的迅猛发展，检测仪器的计算机化和可视化成为一种发展趋势。在钢丝绳检测仪的信号处理中，LMA 信号和 LF 信号由于具有截然不同的信号特征，在信号处理上采用不同的技术。1978 年，波兰的科技人员通过实验研究，在传感器中采用三种检测回路，将钢丝绳横截面积损失的信号提取出来，然后通过 A – D 转换后实现数字化，依据所建立的模型反演计算出钢丝绳损失的横截面积，并在计算机上显示出来，实现了 LMA 信号的定量处理。在 20 世纪 80 年代，国内的华中理工大学（现为华中科技大学）通过采用等空间采样技术和差分超门限算法实现了钢丝绳断丝数的定量检测；在 20 世纪 90 年代，哈尔滨工业大学尝试用小波分析对钢丝绳断丝信号进行处理。1995 年，日本学者将成像技术引入钢丝绳信号处理中，实现了平行丝钢丝绳断丝检测的可视化。

在 20 世纪 80 年代中期，美国的 H. R. Weischedel 博士结合钢丝绳检测装置的现场使用情况，通过设计结构新颖的剖分式线圈及电路结构，使得钢丝绳 LMA 检测在一定的速度范围内，检测信号的大小与钢丝绳运行速度无关，并采用一定的标定方式，实现 LMA 的定量检测。波兰的 K. Zawada 将 PCMCIA（Personal Computer Memory Card International Association）标准引入钢丝绳检测仪的制造标准中，由于这种标准具有高可靠性、防磁、通用性强等特点，对于钢丝绳检测仪走向工程应用提供了一条途径。目前波兰 Meraster 公司生产的 MD 系列钢丝绳探伤仪器的接口都采用这种标准。

1.5.5 钢丝绳无损检测评价标准

目前，钢丝绳的报废标准是以钢丝绳的破断力为基准制定的，但是近年的钢丝绳力学性能研究表明，这种方法是很不科学的，因此，根据现有的钢丝绳报废标准对钢丝绳状态进行评价的方法不可靠。为此，波兰的科技人员尝试研究了钢丝绳磨损检测结果与钢丝绳使用之间的关系；美国的 NDT Technology 公司根据该公司生产的 LMA – LFTM 型钢丝绳检测装置，结合该装置的现场使用情况和人工目视检测结果，研究了如何由仪器检测结果评价钢丝绳强度的方法。20 世纪 80 年代末，美国测试和材料协会开始进行电磁式钢丝绳检测仪器的标准化工作，并于 1993 年制定了"铁磁性钢丝绳电磁无损检测 E1571"标准（Electromagnetic Examination of Ferromagnetic Steel Wire Rope E1571）。之后，随着无损检测技术的发展，该标准的内容也在不断发展，先后经历过 1994 年、1996 年两次修订。2012 年我国也制定了钢丝绳检测仪器标准，标志着这类检测方法被认可，并逐步走向规范和被推广应用。

第2章　钢丝绳断丝漏磁场检测方法

在使用的过程中，钢丝绳持续受到交变应力的作用，钢丝逐渐疲劳，最终发展成断丝。而局部出现的断丝又使剩余钢丝的疲劳加剧，从而恶化了钢丝绳的状况。从某种意义上说，断丝是钢丝绳疲劳状况的外部表象。此外，意外事故，譬如操作失误和气候原因等造成的损伤，虽然与钢丝绳的疲劳阶段没有必然的联系，但是会加重其他钢丝的负担，严重时产生钢丝绳失效。断丝根数从一个角度反映出钢丝绳的性能及疲劳状况，各国均把钢丝绳规定长度内（如捻距内）的断丝根数作为其报废的指标之一。

其他类型的钢丝绳局部缺陷，如点蚀、麻点等的漏磁信号与断丝相似，为了表述方便，本章以断丝为典型缺陷进行论述。

很长一段时间里，人们致力于断丝根数定量检测的研究。随着钢丝绳结构的发展，同一根钢丝绳中制绳用钢丝的粗细有多种，在钢丝绳判废标准和检测中，断丝根数已不足以表达断丝的状况了。在本章的论述中，为了表述方便，还是以断丝根数为主进行论述，最终换算到 LMA 中。

从方法学上来看，由于磁场的非线性本质和钢丝绳结构的复杂性，在谋求量化解释断丝漏磁场的过程中，几乎无法在断丝和漏磁场之间建立精确的解析关系，研究人员只能通过实验间接了解漏磁的一些有限特征。但是，实验方法存在明显的不足：

1）钢丝绳规格、型号众多，因此可供分析的实验数据数量有限。

2）微细断丝及内部断丝的制作困难。

3）实验数据是否可靠与实验方法、设备和人员的素质有关，降低了分析结果的可信度。

4）实验需要花费大量的人力和物力，费用较大。

以有限元方法为代表的数值计算的出现，弥补了实验方法的不足，与计算机技术相结合，它实现了磁场的仿真，计算结果具有可重复性，但是三维电磁场计算的工作量巨大，在解决钢丝绳这类空间构造复杂的对象时，有限元方法的计算精度有限。磁荷模型是另一个活跃在漏磁解释领域的重要理论，由于采用线性化假设，模型存在较大的误差，但在一些仅需要了解定性规律的场合不失为一个有效的方法。

在设计钢丝绳标样和实际检测中，断口宽度、断丝数量和断丝分布是三个主要参数。本章首先利用有限元分析研究单根钢丝断丝的漏磁场，分析断口的几何参数对漏磁场的影响；其次基于磁偶极子理论建立钢丝绳的断丝漏磁模型，研究断丝分布对漏磁场的影响；然后分析标样的断丝配置方法，分析断丝试样的配置空间，最后讨论标样中断丝集的度量方法；最终介绍断丝信号处理方法。

2.1　断丝漏磁场检测原理

断丝漏磁场检测原理如图 2-1a 所示。当静磁场沿轴向磁化钢丝绳时，一旦钢丝绳上存在断丝，其将会产生向外扩散的漏磁场，如图 2-1b 所示。用磁敏感元件沿周向收集钢丝绳周围的漏磁场信息，并进行分析处理便可得出断丝的位置（轴向、周向、层次）和数量。

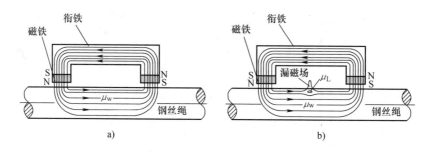

图 2-1　断丝漏磁场检测原理

图 2-2 所示为一种密封钢丝绳断丝检测探头的结构，该传感器采用永磁磁化的方式，漏磁场通过霍尔器件测量。

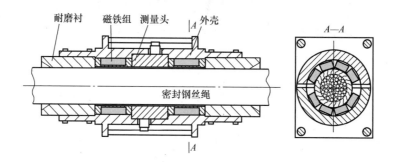

图 2-2　密封钢丝绳断丝检测探头的结构

钢丝绳断丝检测和监测传感器主要由两部分构成：磁化钢丝绳的磁化器和检测漏磁场的漏磁测量单元。当获得检测信号后，关键又将在于信号的解释，尤其是定量评估。因此，这一检测与评估要解决两方面的关键问题，其一是断丝检测信号的获得，即检测探头的设计；其二是信号的解释，即信号分析处理装置或系统的设计。

从检测过程的方法论上讲，上述第一方面的问题主要解决的是一个正演问题，即已知断丝（包括位置、尺寸、几何形状等），求解它的漏磁场信号及经过探头变换后的信号表现形式，从检测角度看，它主要解决信号变换过程中（在这里主要是磁场信号转换成电信号）的失真问题，也就涉及测量的方法以及探测装置（变换器）的设计。第二方面的问题主要解决的是一类反演问题，即已知检测信号及其表现形式，求解断丝状况（位置、尺寸、几何形状等），因而它将涉及整个检测过程，包括检测环境、钢丝绳结构、探头原理和形式、变换过程、反演原理和方法等。因此，第二方面的问题，是整个检测与评估过程中的关键，也是非常困难的问题。

图 2-3 所示为基于模型的断丝漏磁场检测原理框图。当钢丝绳存在断丝时，漏磁场检测装置将断丝信号提取出来，经过信号处理环节后，获取信号模型；然后对检测信号进行标定并反演，以确定出断丝状态。此方法的关键在于能够给出各个过程的数学描述。

图 2-3　基于模型的断丝漏磁场检测原理框图

由于钢丝绳的结构和应用条件非常复杂，断丝产生的漏磁场不但与断口的横截面积 ΔA、距钢丝绳轴心的距离 e、轴向长度 s、断口区域的磁导率 μ_L、钢丝绳的磁导率 μ_W 和励磁强度 H_a 等有关，而且与传感器设计的结构参数有关。检测仪器的断丝检测精度与钢丝绳的结构、磁化状况和断丝的状况密切相关。由于钢丝绳结构的复杂多样以及电磁场问题的非线性特征，断丝检测的难度巨大，研究人员运用了统计、模糊数学、神经网络、小波分析等工具进行断丝量化和识别，取得了一定的效果，但是，断丝量化检测的精度仍然有限。

2.2　钢丝绳漏磁检测的磁化基础

在钢丝绳漏磁无损检测中，磁化是实现检测的第一步。

钢丝绳的磁化由磁化器实现，主要包括磁场源和磁回路等几个主要部分，因此，针对钢丝绳的结构特点和测量目的选择源磁场和设计磁回路是磁化器优化设计的关键。钢丝绳的磁化技术主要包括磁化方式、磁化强度选择以及磁化器结构设计等几个方面内容。

2.2.1　磁化方式

磁化的方式按所用励磁磁源的不同分为下述两种。

1. 线圈磁化

线圈磁化方式以直流电流励磁线圈产生磁场磁化被测钢丝绳。它又分为直流脉动电流磁化方法和直流恒定电流磁化方法。前者在电气实现上比后者简单，一般用于剩余磁场检测法中钢丝绳的磁化；在有源磁场检测中，这一磁化会在检测信号中产生很强的交流磁场信号，增加检测信号处理的复杂性降低检测信号的信噪比。直流恒定电流磁化方法对电流源具有较高的要求，激励电流一般为几安培甚至上百安培。直流磁化方法磁化的强度可通过控制电流的大小来方便地调节，但随着连续使用时间的加长，发热是难以避免的。

另外，线圈磁化中，缠绕在钢丝绳上的穿过式线圈的制作和实现是关键技术，一种方式是直接缠绕，每次检测时绕拆一次；另一种方式是制作开合式的线圈，方便检测时的操作，但结构复杂。

在线圈磁化中，当通以交流电时，实施的是交流磁化。在被测钢丝绳中，交流磁场易产生趋肤效应和涡流，且磁化的深度随电流频率的增大而减小。交流磁化的磁场随时间变化，所以，它不属于静磁场检测方法。

2. 永磁磁化

永磁磁化方式以永久磁铁作为励磁源。它是一种不需电源的磁化方式，但在磁化强度的调整上不及直流磁化方式方便，一般仅通过磁路设计来保证。永久磁铁均采用高磁能积的稀土永磁。

由于稀土永磁具有磁能积高、体积小、重量轻、无须电源等特点，使得检测仪器具有使用方便、灵活、体积小、重量轻等特点。

在永磁磁化器中，软磁材料是不可缺少的，起着引导磁场和减小磁阻的作用，一般用电工纯铁。

2.2.2　磁化强度的选择

图 2-4 所示为 6×19（$12 + 6 + 1$）结构钢丝绳的磁化特性曲线和磁导率随磁化强度变化的曲线。图中 P_m 点为材料的最大磁导率点，$M_{\mu m}$ 为磁导率为最大值时的磁化强度。一般来讲，相对磁导率按照材料被磁化的程度呈非线性变化，远大于空气隙磁导率 μ_σ。

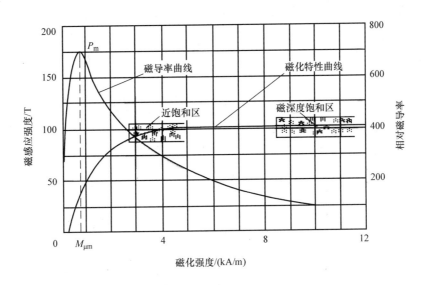

图 2-4 钢丝绳的磁化特性曲线和磁导率随磁化强度变化的曲线

实验表明，应力增大，漏磁化强度随之减小。因此，松弛状态下的钢丝绳，检测时信号可能较大；张紧状态下的钢丝绳，相同大小的断口，检测的漏磁信号可能会小一些。

由于磁滞性，在未磁化到饱和状态前，磁感应强度不具有单值性，在这种状况下，检测传感器正反向扫描同一断口时，检测的信号将会不一致，如图 2-5 所示。将钢丝绳磁化到饱和时，可以消除这一差异。

图 2-5 不饱和磁化时检测信号的变化

检测过程中，钢丝绳的检测速度（磁化后效现象，即当钢丝绳运动较快时，磁化器提供的局部磁场在钢丝绳中建立的磁场会滞后，造成磁化减弱）以及钢丝绳金属横截面积的变化（由磨损、锈蚀引起）造成的磁化状态变化等都会影响钢丝绳中磁感应强度，从而影响到定量检测时的精度。

综上所述，在钢丝绳漏磁检测中，深度饱和磁化已成为不争的规则。

2.2.3 永磁磁化器

永磁磁化器由磁铁、衔铁、气隙、钢丝绳等组成，如图 2-6 所示。在此磁路中，磁铁与

钢丝绳之间的气隙 δ、磁极间距 L_M 对磁路影响很大。研究表明，δ 决定了主磁路中的磁阻大小，影响磁铁的工作点；L_M 决定了导磁连接体之间的磁场分布。图 2-6 所示结构的等效磁路如图 2-7 所示。

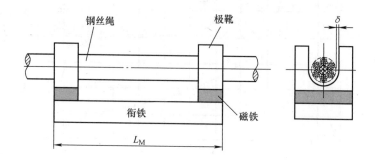

图 2-6　永磁磁化器结构

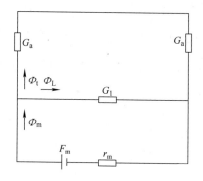

图 2-7　等效磁路

在磁化器的设计中，以钢丝绳中的磁感应强度为磁路计算和校核的指标。粗略的计算方法可采用磁导法，较为精确的计算可采用有限元法。

提高磁化器性能的途径如下：

1）减小 δ，增加衔铁与钢丝绳之间的接触面积。

2）增加磁铁磁化长度，减小磁铁自身的漏磁。

3）选择磁铁在磁路中合理的位置和组合形式。

图 2-8 所示的磁铁在磁路中的位置变动时，引起测点的磁感应强度变化见表 2-1，测点位置如图 2-8a 所示。实验中磁铁的尺寸为 $40\text{mm} \times 20\text{mm} \times 10\text{mm}$，衔铁尺寸为 $160\text{mm} \times 40\text{mm} \times 10\text{mm}$，磁化钢棒的直径为 $\phi24\text{mm}$，长度为 300mm，气隙为 1mm。

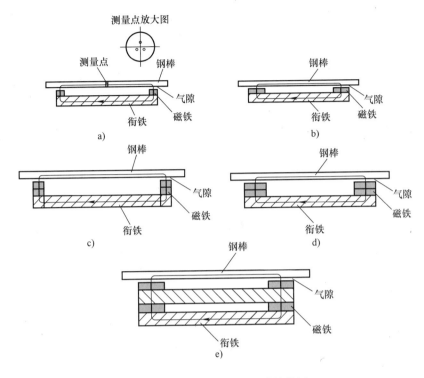

图 2-8　不同磁铁位置的磁路结构图

表 2-1　测点磁感应强度值

图2-8中分图号	磁铁数目	测点磁感应强度/T（不加极靴磁化）			测点磁感应强度/T（加极靴磁化）		
		1	2	3	1	2	3
a	2	0.47	0.50	0.49	0.53	0.53	0.53
b	4	0.77	0.70	0.77	0.90	0.90	0.90
c	4	0.60	0.70	0.60	0.60	0.60	0.60
d	8	0.97	1.10	0.97	1.10	1.10	1.10
e	8	0.90	0.91	0.90	1.10	1.00	1.20

上述测量数据显示：

1）随着磁铁数目的增加，被测构件的磁感应强度增加。但二者之间没有直接数量上的关系，这主要与永久磁铁在磁路中的安放位置有关。通常，磁铁越靠近被测构件，磁铁的漏磁通就越少，进入被测构件的磁通量就越多，被测构件的磁感应强度也就越强。

2）极靴可以明显改善被测构件的磁化均匀程度和提高磁感应强度。

3）串联磁铁与并联磁铁都可以增加被测构件的磁感应强度，但并联磁铁时构件的磁感应强度远大于串联磁铁时的磁感应强度。由于稀土永磁本身的矫顽力大，磁铁的串联没有很大必要。

1. 单回路磁化

图 2-9 所示为一种单回路磁化器结构。为了增加钢丝绳中的磁通量，采用永久磁铁并联的布置方式；为了磁场均匀，在钢丝绳和永久磁铁之间增加极靴。这一方法中由于磁铁单边放置，钢丝绳的磁化是不均匀的，通常，靠近磁铁的部分磁场强，远离磁铁的部分磁场弱。随着钢丝绳直径的增大，这种磁场分布的不均匀性越来越明显。

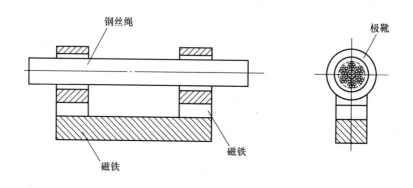

图 2-9　单回路磁化器结构

2. 双回路磁化

为了改善磁化的不均匀性，可以采用双回路磁化器结构，如图 2-10 所示。

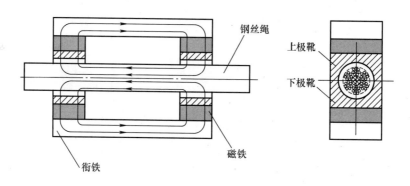

图 2-10　双回路磁化器结构

为对比分析，在 $\phi 24\,\text{mm}$ 的钢棒中间断开约 2mm 的气隙，以便特斯拉计的探针可以插入到钢棒的中心进行测量。如图 2-11 所示，分别用两个相同的磁化器去磁化，测量出钢棒中的磁感应强度，见表 2-2。可以看出，增加磁化回路，可以增加钢棒中的磁感应强度。

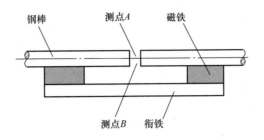

图 2-11 磁化有效性测试方法

表 2-2 磁化有效性测试数据

序号	磁化形式	钢棒中的磁感应强度/T
1	单个磁化器紧贴钢棒	0.48
2	正对两个磁化器紧贴钢棒	0.74
3	正对两个磁化器，一个紧贴钢棒，一个有 5mm 的间隙	0.72
4	正对两个磁化器，两个均有 5mm 的间隙	0.66

3. 多回路磁化

钢丝绳直径加大后，磁化器通常采用多回路磁化方式，如图 2-12 所示。

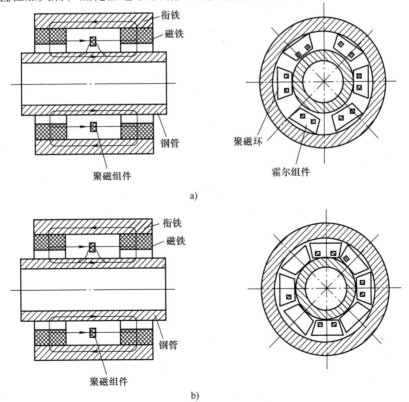

图 2-12 多回路磁化器结构

a）六回路 b）八回路

图 2-13 所示为 ϕ80mm 直径钢棒的磁化实验示意图。实验中，励磁回路按图示顺序依次增加，测量 A、B 测点上的磁感应强度。无气隙时的测量值见表 2-3，有 5mm 气隙时的测量值见表 2-4。

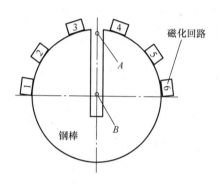

图 2-13　ϕ80mm 直径钢棒的磁化实验

实验结果表明：

1）当磁铁与钢棒之间不存在气隙时，磁力线直接进入钢棒，两磁铁之间的漏磁场很小；此外，钢棒并没有完全切断，连接部位的磁阻远小于缝隙的磁阻，当磁感应强度很小时，缝隙处磁场微弱；随着磁感应强度的不断增大，由于连接处已经趋向饱和，磁力线开始在缝隙处泄漏，测点 A、B 处的磁场相应增强。

表 2-3　无气隙时磁感应强度测量值　　　　　（单位：mT）

磁感应强度	磁路数目					
	1	2	3	4	5	6
B_A	0	0	20	100	165	250
B_B	0	0	19	95	180	260

表 2-4　有 5mm 气隙时磁感应强度测量值　　　　（单位：mT）

磁感应强度	磁路数目					
	1	2	3	4	5	6
B_A	5	12	23	38	74	130
B_B	2	85	20	34	64	125

2）当磁铁与钢棒之间有气隙时，磁铁与钢棒之间，每个磁化回路的磁铁之间都有磁力线泄漏；因此，即使磁感应强度很小，缝隙处也存在一定的可测磁场。随着磁化程度不断增加，由于钢棒连接处并没有磁化饱和，而增加的磁能主要被用于磁化钢棒主体，因此测点

A、B 处的磁场增加比较缓慢。

由此可见，多回路励磁方法可以有效地增加大直径钢丝绳的磁感应强度。

4. 永磁磁化器分段设计

在钢丝绳励磁器的结构设计中，用一台励磁器很难实现所有规格钢丝绳的磁化。例如，用磁化 $\phi100mm$ 钢丝绳的磁化器去磁化 $\phi10mm$ 的钢丝绳，磁化器的体积和重量显然偏大；相反，用磁化 $\phi10mm$ 钢丝绳的磁化器去磁化 $\phi100mm$ 钢丝绳，又难以满足磁化的要求。因此，应该按照钢丝绳的规格进行分段设计，在某一规格段中按照该段内最大的钢丝绳直径来设计磁化器。

2.3　断丝的电磁检测特性

断丝产生的磁场可以分成两个部分：其一为存在于钢丝内部的丝内磁场，其二为存在于钢丝外部的扩散漏磁场。

钢丝内部磁场的研究目前只能采用数值计算方法，该方法能够模拟各种实验条件，修改实验参数，并且能够制作各种形状复杂的断丝。基于有限元方法，利用 ANSYS 分析和仿真钢丝内部磁场和钢丝外部的扩散漏磁场，选用 MATLAB 软件作为数据分析平台。有限元分析中使用的几何模型如图 2-14 所示。磁路主要由磁铁、衔铁、钢丝以及空气组成。通过施加矫顽力和相对磁导率的方法构造磁铁，磁铁的相对磁导率 $\mu_r = 1.0524$；衔铁的作用是导通磁路，其相对磁导率 $\mu_r = 1000$；55 钢的磁化特性曲线如图 2-15 所示；其余材料为空气，相对磁导率 $\mu_r = 1$。采用调整两根钢丝的轴向位置的方法模拟断口变化。

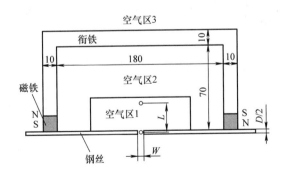

图 2-14　有限元分析中使用的几何模型

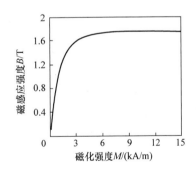

图 2-15　55 钢磁化特性曲线

建模和计算时还需要对以下问题给予关注：

1）由于不存在隔磁材料，空气区的大小和形状对断口的漏磁场造成严重的影响，空气区越大，对漏磁场的影响越小，计算量越大。因此在确定磁路的几何参数时需要在计算精度和计算效率之间进行权衡。

2）有限元模型中网格的划分是否合理直接决定结果是否正确。网格划分越密，计算结果越精确，但同时所需的计算时间大幅增加。因此，合适的网格密度是模型计算的关键问题之一，需要反复实验，直到计算结果基本保持不变为止。经过反复实验，发现先对整个模型进行等级为 3 的网格划分，然后对断口附近的空气区 1 以及钢丝进行等级为 3 的网格细化比较理想（图 2-14）。

3）如果使用四边形网格进行网格划分，其计算精度比三角形网格高得多，但是计算量也随即增大。实验后发现，在网格划分密度适当的条件下采用三角形网格时，计算结果与四边形网格差别不大，但是计算效率要高得多。

一次典型的断丝磁场计算结果的矢量图如图 2-16 所示。计算结束后，将结果映射到路径上，通过文件输出命令将需要的数据以文本文件的格式保存到指定的目录中。利用MATLAB 提供的平台编制专门的软件分析数据，软件的分析界面如图 2-17 所示。

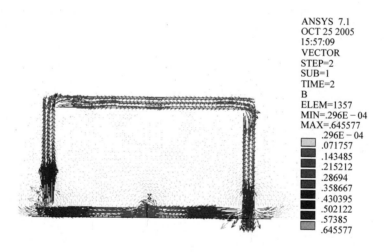

图 2-16 典型断丝磁场计算结果的矢量图

2.3.1 钢丝内部的磁场特征

铁磁材料内部的磁场大小及分布与许多因素有关。在磁粉探伤和 GB/T 12606—1999 中，均提到了决定材料内部磁化状况的最主要因素——外部励磁装置的磁化能力。实际检测中，除了励磁系统的磁化能力外，工件的结构以及磁化方式、磁化间隙、被测材料的导磁性能以及被测材料的尺寸等均对被测铁磁材料内部的磁场分布有影响。采用永磁体为磁源的励磁系统，对于特定的检测装置，励磁系统的磁化能力一般是固定的，此时材料内部的磁场主要由

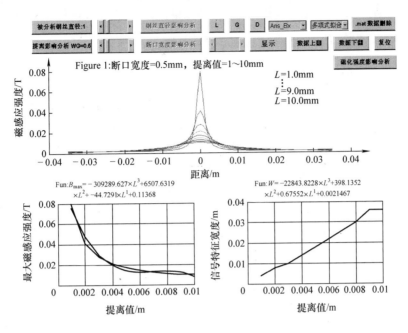

图 2-17　钢丝断丝磁场分析软件的分析界面

工件结构、磁化方式及断丝的尺寸和形状等因素决定。

图 2-18a 是典型的钢丝内部磁感应强度分布图，靠近断口的区域磁场较弱，远离断口的区域磁场较强，磁场随着离断口距离的增加而增加。丝内磁场的轴向分量分布并非均匀，而

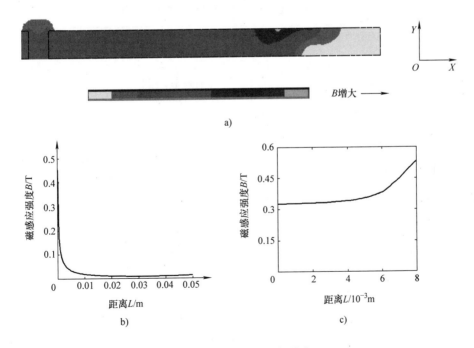

图 2-18　钢丝内部磁场分布

是呈中间均匀、两边逐渐递减的现象。图 2-18b 说明，丝内磁场沿圆周表面的泄漏主要集中在断口附近，在远离断口的区域泄漏减弱，直至消失。

1. 磁化强度对钢丝内磁场分布的影响

磁化强度是影响钢丝内部磁场分布的一个重要因素，钢丝的磁化状况将直接关系到能否获得稳定、可靠的漏磁场，因此，磁化能力是衡量励磁器优劣的一项重要指标。

分析表明，钢丝内部的磁场分布并非均匀，通常呈中间均匀性好、两侧均匀性差的特点，提高磁化强度不会使这种状况得到改善。丝内磁场的轴向分布与距离断口的远近有关，在靠近断口处磁场弱，远离断口处磁场强，在研究磁化强度对丝内磁场分布的影响时，需要选择一个合适的参考面，将此横截面的磁化强度作为研究的基准。磁化强度影响钢丝内部磁场的实验参数见表 2-5，参考横截面远离钢丝断口。用法向磁感应强度的最大值和漏磁区长度描述钢丝表面的磁场状况。定义漏磁区长度为漏磁场的磁感应强度下降至最大磁感应强度的 95% 的分布区长度。图 2-19 所示为磁化强度对钢丝表面法向磁场的影响曲线，其中实线为对磁感应强度的影响曲线，虚线为对漏磁区长度的影响曲线。分析表明，提高磁化强度可以加强钢丝表面的磁场，在磁化强度较小时，磁场变化较大；当磁化强度较大时，钢丝逐渐磁化饱和，钢丝表面的磁场逐渐稳定。表面漏磁场主要分布在断口附近，其分布宽度与磁场强度的关系不大。

表 2-5　磁化强度影响钢丝内部磁场的实验参数

项目	钢丝直径/mm	断口宽度/mm	磁化强度/(kA/m)
参数	2	2	1、1.5、2、3、4、5、6、7、8、9、10、11、12、13、14

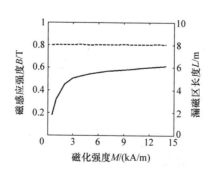

图 2-19　磁化强度对钢丝表面法向磁场的影响曲线

2. 断口宽度对钢丝内磁场分布的影响

钢丝断口宽度影响丝内磁场的实验参数见表 2-6。图 2-20 所示为分析获得的不同断口宽度下钢丝内部的磁场分布。当断口宽度为 0.5mm 时，钢丝内部磁场分布比较均匀，磁场较强；随着断口宽度的增大，钢丝内部磁场的均匀性变差，在断口附近最弱，远离断口的区域较强；当断口宽度达到 4mm 时，在断口附近的丝内区域已经形成较大弱磁场区。

表 2-6　断口宽度影响钢丝内部磁场的实验参数

项目	磁化强度/(kA/m)	钢丝直径/mm	断口宽度/mm
参数	11	2	0.5、1、1.5、2、2.5、3、3.5、4

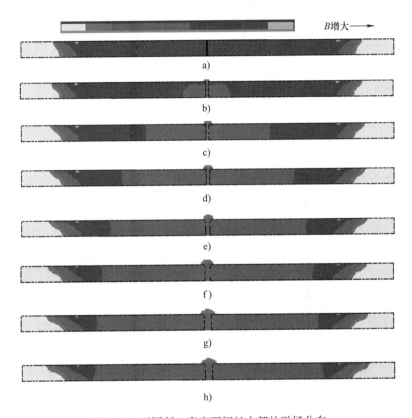

图 2-20　不同断口宽度下钢丝内部的磁场分布

a) $M = 11\text{kA/m}$, $W = 0.5\text{mm}$　b) $M = 11\text{kA/m}$, $W = 1\text{mm}$　c) $M = 11\text{kA/m}$, $W = 1.5\text{mm}$

d) $M = 11\text{kA/m}$, $W = 2\text{mm}$　e) $M = 11\text{kA/m}$, $W = 2.5\text{mm}$　f) $M = 11\text{kA/m}$, $W = 3\text{mm}$

g) $M = 11\text{kA/m}$, $W = 3.5\text{mm}$　h) $M = 11\text{kA/m}$, $W = 4\text{mm}$

通过对钢丝内部磁场的分析可以得出以下结论：

1) 即使不存在断丝，钢丝内部的磁场也并非均匀。在靠近钢丝轴心的区域磁场相对均匀，其他区域的磁场均匀性较差。

2) 在充分磁化条件下，钢丝内部的法向磁场随着钢丝磁化状况的增加而加强，但是对磁场的分布宽度不产生影响。

3）断口宽度对钢丝内部磁场造成重要的影响，它使断口附近的磁场减弱，磁化程度降低。随着断口宽度的增加，钢丝内部的法向磁场减弱。

综上所述，对于断丝检测来说，由于在饱和磁化条件下，钢丝的磁化强度近似一致，微弱的差异对钢丝内部的磁化程度影响较小，从而对断丝检测的影响不大。断口宽度对钢丝内部磁场影响较大，进而对断丝的漏磁场造成影响，因此对断口宽度的检测能力，即断丝分辨率应作为评价断丝检测仪器的重要指标。

2.3.2 断丝漏磁场特征及影响因素

断丝漏磁场可以被分解为轴向磁场和径向磁场，图 2-21a 为断丝漏磁场的磁感应强度的轴向分量分布曲线，图 2-21b 为断丝漏磁场的磁感应强度的径向分量分布曲线。漏磁场的轴向分量沿断口几何中心平面为偶对称，漏磁的径向分量沿断口几何中心平面为奇对称。两种磁场分量都可以用于断丝的定量分析。

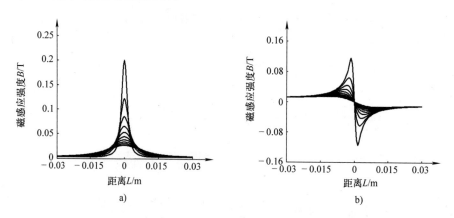

图 2-21 漏磁场磁感应强度的轴向和径向分量

1. 磁化强度对漏磁场的影响

在非饱和的状况下，钢丝绳的组成钢丝磁化状况差异很大，不利于断丝的量化检测，研究不同磁化强度下的断丝漏磁场特征。实验用到的实验参数见表 2-7。

表 2-7 磁化强度影响漏磁场的实验参数

项目	钢丝直径/mm	断口宽度/mm	磁化强度/（kA/m）	提离值/mm
参数	2	2	1、1.5、2、3、4、5、6、7、8、9、10、11、12、13、14	1～10

图 2-22 为磁化强度与漏磁场磁感应强度的关系曲线，其中图 2-22a 为轴向磁场的变化曲线，图 2-22b 为径向磁场的变化曲线。图中的 10 条曲线分别对应于不同的提离值，最上

面的曲线为提离值为 1mm 的漏磁曲线，最下面的为提离值为 10mm 的漏磁曲线。对照材料的磁特性曲线图 2-22，可以发现，漏磁场的变化规律与铁磁材料的磁化特性曲线类似，当钢丝饱和磁化（如磁化强度 $M = 13\text{kA/m}$），钢丝内部的磁场稳定，漏磁场的变化也减缓，因此，钢丝绳检测仪的磁化能力不足时，钢丝的磁化状况差异很大，将对断丝的量化检测造成重要的影响。

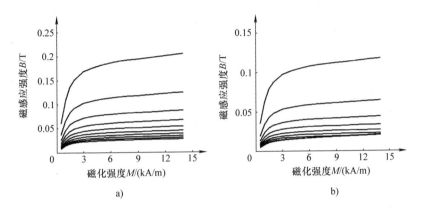

图 2-22　磁化强度与漏磁场磁感应强度的关系曲线

2. 断口宽度对漏磁场的影响

断口宽度影响漏磁场的实验参数见表 2-8。分析后的数据如图 2-23 所示，图 a 为轴向磁场的变化曲线，图 b 为径向磁场的变化曲线，10 条曲线分别对应于不同的提离值，最上面的曲线为提离值为 1mm 的漏磁曲线，最下面的为提离值为 10mm 的漏磁曲线。分析表明，

表 2-8　断口宽度影响漏磁场的实验参数

项目	钢丝直径/mm	提离值/mm	断口宽度/mm
参数	2	1~10	0.5、1、1.5、2、2.5、3、3.5、4

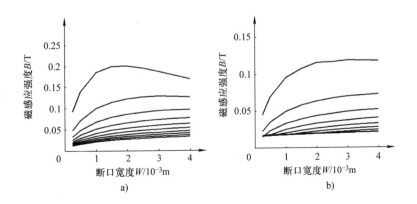

图 2-23　断口宽度与漏磁场磁感应强度的关系曲线

断口宽度增大,漏磁的磁感应强度增大,当断口增大至一定宽度后,磁感应强度的变化减弱。

3. 钢丝直径对漏磁场的影响

钢丝直径影响漏磁场的实验参数见表 2-9。图 2-24 所示为钢丝直径与漏磁场磁感应强度的关系曲线,图 a 为轴向磁场的变化曲线,图 b 为径向磁场的变化曲线,10 条曲线分别对应于不同的提离值,最上面的曲线为提离值为 1mm 的漏磁曲线,最下面的为提离值为 10mm 的漏磁曲线。分析表明,钢丝直径增大,漏磁磁感应强度增大,提离值增大,漏磁磁感应强度变化趋缓。

表 2-9 钢丝直径影响漏磁场的实验参数表

项目	断口宽度/mm	提离值/mm	钢丝直径/mm
参数	2	1~10	0.5、1、1.5、2、2.5、3、3.5、4

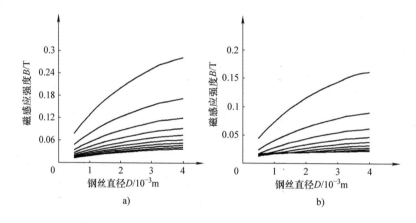

a)   b)

图 2-24 钢丝直径与漏磁场磁感应强度的关系曲线

4. 提离距离对漏磁场的影响

提离距离影响漏磁场的实验参数见表 2-10。图 2-25 所示为提离距离与漏磁场磁感应强度的关系曲线,图 a 为轴向磁场的变化曲线,图 b 为径向磁场的变化曲线,12 条曲线分别对应于不同的断口宽度,最上面的曲线为断口宽度为 0.5mm 的漏磁曲线,最下面的为断口宽度为 6mm 的漏磁曲线。分析表明,漏磁场对提离值非常敏感,在低提离值区,细微的提离值变化将导致漏磁场剧烈变化;在高提离值区,磁场已非常微弱,提离值对漏磁场的影响减弱。

表 2-10 提离距离影响漏磁场的实验参数

项目	钢丝直径/mm	断口宽度/mm	提离距离/mm
参数	2	0.5~6	1、2、3、4、5、6、7、8、9、10

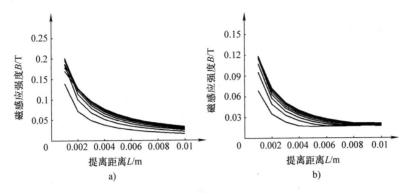

图 2-25　提离距离与漏磁场磁感应强度的关系曲线

综上所述，在断口宽度、钢丝直径和提离距离三类指标中，漏磁场对提离距离最敏感，其次是钢丝直径，最后是断口宽度。在考虑标样中的断丝配置时，提离距离主要与断丝在钢丝绳中的深度有关，钢丝直径主要涉及钢丝绳中的配丝。因此，对于电磁检测而言，分布在不同深度的断丝最难检测，其次是不同直径的断丝，最后是不同宽度的断丝。对于一种确定的励磁器，其磁化能力是固定的，磁化能力不足将增加检测的难度。

2.3.3　有限元模型有效性验证实验

为了验证有限元模型的有效性，对饱和磁化下提离距离对漏磁场的影响进行实验验证，实验结构简图如图 2-26a 所示，实验装置如图 2-26b 所示。实验钢丝的直径为 2mm，断口宽度为 1mm 和 2mm，使用稀土磁铁对钢丝进行磁化，磁铁的尺寸为 40mm×20mm×10mm，实验测量时使用的测磁器件为集成霍尔元件，其型号为 UGN3515。图 2-27a 中实线为断口宽度为 1mm 所获得的实验曲线，图 2-27b 中实线为断口宽度为 2mm 所获得的实验曲线，图中虚线为有限元分析结果，取自 2.3.2 节的研究数据。

从图 2-27 中的曲线可以看出，由于在材料的磁化特性方面，有限元分析中所定义的材料与实验中的材料存在一定的差异，两者在信号的幅值上有一些偏差；但是实验结果与有限元结果具有完全相同的变化规律，这说明依据有限元分析中所定义材料的磁化特性曲线所获得的漏磁场的规律是有效的。

2.3.4　断丝分布对漏磁场的影响

实际工况下的断丝往往是不同断丝的组合，而组合断丝的检测要比单根断丝复杂得多，下面基于磁偶极子理论构造漏磁模型，研究断丝分布对漏磁场的影响。

钢丝的几何极坐标关系如图 2-28 所示，图中股内钢丝的局部坐标系 $x'Oy'$ 的横轴与绳芯

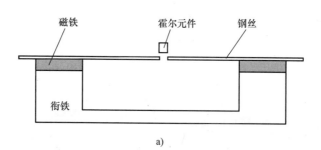

a)

b)

图 2-26　断丝漏磁实验装置

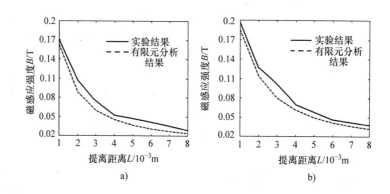

图 2-27　实验与有限元计算数据比较

至股芯的连线重合。

图 2-28a 股芯的几何关系如图 2-28b 所示。股芯 O_i 在 xOy 坐标系中的坐标向量可以表示为

$$\begin{pmatrix} x_{O_i} \\ y_{O_i} \end{pmatrix} = r_i \begin{pmatrix} \cos\alpha_i \\ \sin\alpha_i \end{pmatrix} \tag{2-1}$$

式中，r_i 为股芯的轨迹圆半径；α_i 为第 i 股钢丝股的股芯位置角，$\alpha_i = \dfrac{\pi}{M}(2i-1)$，$M$ 为钢

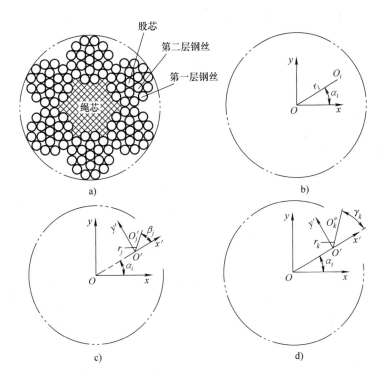

图 2-28　钢丝的几何极坐标关系

丝绳的股数。

图 2-28a 中第二层钢丝的几何关系如图 2-28c 所示。第 i 股钢丝的第二层钢丝的第 j 根钢丝圆心 O'_j 在 xOy 坐标系中的坐标向量可以表示为

$$\begin{pmatrix} x_{O'_j} \\ y_{O'_j} \end{pmatrix} = \begin{pmatrix} x_{O_i} \\ y_{O_i} \end{pmatrix} + r_j \begin{pmatrix} \cos\alpha_i & -\sin\alpha_i \\ \sin\alpha_i & +\cos\alpha_i \end{pmatrix} \begin{pmatrix} \cos\beta_j \\ \sin\beta_j \end{pmatrix} \tag{2-2}$$

式中，$\begin{pmatrix} \cos\alpha_i & -\sin\alpha_i \\ \sin\alpha_i & +\cos\alpha_i \end{pmatrix}$ 为从 $x'Oy'$ 坐标到 xOy 坐标之间的转换矩阵；r_j 为第二层钢丝的局部轨迹圆半径；β_j 为第二层钢丝第 j 根钢丝的位置角，$\beta_j = \dfrac{\pi}{N}(2i-1)$，$N$ 为第二层钢丝的钢丝数。

图 2-28a 中第一层钢丝的几何关系如图 2-28d 所示。第 i 钢丝股的第一层钢丝的第 k 根钢丝圆心 O''_k 在 xOy 坐标系中的坐标向量可以表示为

$$\begin{pmatrix} x_{O''_k} \\ y_{O''_k} \end{pmatrix} = \begin{pmatrix} x_{O_i} \\ y_{O_i} \end{pmatrix} + r_k \begin{pmatrix} \cos\alpha_i & -\sin\alpha_i \\ \sin\alpha_i & +\cos\alpha_i \end{pmatrix} \begin{pmatrix} \cos\gamma_k \\ \sin\gamma_k \end{pmatrix} \tag{2-3}$$

式中，r_k 为第一层钢丝的圆心轨迹半径；γ_k 为第一层钢丝第 k 根钢丝的位置角，$\gamma_k = \frac{\pi}{L}(2i-1)$，$L$ 为第一层钢丝的钢丝数。

以直径为30mm的纤维芯六股（1+6+12）钢丝绳（简写为30NAT6×19S+NF）为例，分析断丝分布对漏磁场的影响。计算所需的钢丝绳结构参数见表2-11。

表 2-11   30NAT6×19S+NF 钢丝绳的结构参数

项目	r_i/m	r_j/m	r_k/m	M	N	L
数值	9.97×10^{-3}	2.11×10^{-3}	3.07×10^{-3}	6	6	12

根据磁荷理论的计算公式，钢丝绳中断口宽度为 $2l$ 的断口 Q 在提离值为 t、位置角为 θ 的测量面 P 处，如图2-29所示，产生的轴向漏磁场强度为

$$B_p^z = \frac{-Q}{4\pi\mu_0} \cdot \frac{2l}{\left[(x-x_1)^2 + (y-y_1)^2 + l^2\right]^{3/2}} \tag{2-4}$$

其中，$x = (R+t)\cos\theta$，$y = (R+t)\sin\theta$。

n 根断丝构成的断丝集在 P 处产生的轴向漏磁场强度为

$$B_p^z = \sum_{l=1}^{n} B_{p,l}^z \quad (l = 1, 2, 3, \cdots, n) \tag{2-5}$$

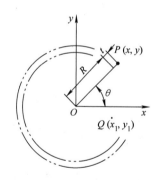

图 2-29   断丝漏磁计算示意图

1. 股间均布断丝对漏磁场的影响

研究股间均布断丝对漏磁场的影响，定义股芯、次外层钢丝和外层钢丝的断丝集分别为 J_1、J_2、J_3。下面分别研究其对漏磁场的影响。

假定六根断丝均匀分布在股芯、次外层和外层。根据30NAT6×19S+NF 钢丝绳的特征，均布断丝存在以下组合：

对于股芯，有断丝集：

$$J_1^{(1)} = \left\{ w_i : w_i = (N, n_s, 0, 1, 1, 0, 2, 1), n_s = 1, 2, \cdots, 6 \right\}$$

对于次外层钢丝，有断丝集：

$$J_2^{(1)} = \{ w_i : w_i = (N, n_s, 0, 2, 1, 0, 2, 1), n_s = 1, 2, \cdots, 6 \}$$

$$J_2^{(2)} = \{ w_i : w_i = (N, n_s, 0, 2, 2, 0, 2, 1), n_s = 1, 2, \cdots, 6 \}$$

$$J_2^{(3)} = \{ w_i : w_i = (N, n_s, 0, 2, 3, 0, 2, 1), n_s = 1, 2, \cdots, 6 \}$$

$$J_2^{(4)} = \{ w_i : w_i = (N, n_s, 0, 2, 4, 0, 2, 1), n_s = 1, 2, \cdots, 6 \}$$

对于外层钢丝，有断丝集：

$$J_3^{(1)} = \{ w_i : w_i = (N, n_s, 0, 3, 1, 0, 2, 1), n_s = 1, 2, \cdots, 6 \}$$

$$J_3^{(2)} = \{ w_i : w_i = (N, n_s, 0, 3, 2, 0, 2, 1), n_s = 1, 2, \cdots, 6 \}$$

$$J_3^{(3)} = \{ w_i : w_i = (N, n_s, 0, 3, 3, 0, 2, 1), n_s = 1, 2, \cdots, 6 \}$$

$$J_3^{(4)} = \{ w_i : w_i = (N, n_s, 0, 3, 4, 0, 2, 1), n_s = 1, 2, \cdots, 6 \}$$

$$J_3^{(5)} = \{ w_i : w_i = (N, n_s, 0, 3, 5, 0, 2, 1), n_s = 1, 2, \cdots, 6 \}$$

$$J_3^{(6)} = \{ w_i : w_i = (N, n_s, 0, 3, 6, 0, 2, 1), n_s = 1, 2, \cdots, 6 \}$$

利用前述的分析模型，计算不同断丝集的漏磁场，图 2-30a 为分布在次外层的断丝对漏磁场的影响曲线，曲线由上至下对应断丝集 $J_2^{(1)}$、$J_2^{(2)}$、$J_2^{(3)}$、$J_2^{(4)}$；图 2-30b 为分布在外层的断丝对漏磁场的影响曲线，曲线由上至下对应断丝集 $J_3^{(1)}$、$J_3^{(2)}$、$J_3^{(3)}$、$J_3^{(4)}$、$J_3^{(5)}$、$J_3^{(6)}$。

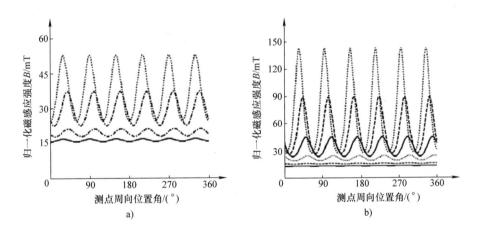

图 2-30　股间均布断丝漏磁信号图

定义股间均布断丝的漏磁场影响系数为

$$\varepsilon = \frac{S_{J,\max} - \min(S_{J,\max})}{\min(S_{J,\max})}$$

式中，$S_{J,\max}$ 为断丝集 J 所产生漏磁信号的最大值。

计算断丝分布对股间漏磁的影响见表 2-12、表 2-13。

表 2-12　次外层断丝的股间漏磁影响系数

断丝集	$J_2^{(1)}$	$J_2^{(2)}$	$J_2^{(3)}$	$J_2^{(4)}$
ε	2.12	1.20	0.25	0

表 2-13　外层断丝的股间漏磁影响系数

断丝集	$J_3^{(1)}$	$J_3^{(2)}$	$J_3^{(3)}$	$J_3^{(4)}$	$J_3^{(5)}$	$J_3^{(6)}$
ε	9.51	5.57	2.33	0.80	0.21	0

除了断丝分布对漏磁场的影响外，还要考虑其对单根钢丝漏磁场的影响。为了分析邻近断丝对本断丝的影响，定义断丝集对单根断丝的漏磁影响系数为

$$\eta = \frac{S_c - S_1}{S_1} \tag{2-6}$$

式中，S_1 为单根断丝产生的漏磁信号的最大值；S_c 为断丝集产生的漏磁信号的最大值。

图 2-31 所示为股芯断丝集（上条）与单根股芯断丝（下条）的漏磁计算曲线，表 2-14 为不同断丝集的漏磁影响系数计算结果。分析结果表明，分布断丝的位置对漏磁场造成重要的影响，对于断丝集 $J_3^{(1)}$，η 只有 0.04，说明此种断丝分布对单根断丝漏磁场的影响不大；对于断丝集 $J_2^{(4)}$，η 达到 0.79，说明断丝分布对单根断丝漏磁场的影响较大。表 2-12、表 2-13 的数据表明，不同的断丝分布位置对漏磁场的影响较大，对于次外层钢丝，ε 达到 2.12；对于外层钢丝，ε 达到 9.51。在配置股间分布断丝时需要区别对待。

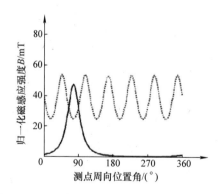

图 2-31　股芯断丝集与单根股芯断丝的漏磁计算曲线

表 2-14　不同断丝集的漏磁影响系数计算结果

断丝集	$J_1^{(1)}$	$J_2^{(1)}$	$J_2^{(2)}$	$J_2^{(3)}$	$J_2^{(4)}$	$J_3^{(1)}$	$J_3^{(2)}$	$J_3^{(3)}$	$J_3^{(4)}$
η	0.37	0.14	0.22	0.52	0.79	0.04	0.14	0.72	1.35

2. 股内集中断丝对漏磁场的影响

为研究股内集中断丝对漏磁的影响，定义次外层钢丝和外层钢丝的断丝集分别为 V_2、V_3。下面研究集中断丝对漏磁的影响。

假定三根断丝集中分布在第一钢丝股的次外层和外层。根据 30NAT6 × 19S + NF 钢丝绳的特征，股内集中断丝存在以下组合：

对于次外层钢丝，有断丝集：

$$V_2^{(1)} = \{w_i : w_i = (N, 1, 0, 2, n_w, 0, 2, 1), n_w = 1, 2, 3\}$$

$$V_2^{(2)} = \{w_i : w_i = (N, 1, 0, 2, n_w, 0, 2, 1), n_w = 2, 3, 4\}$$

$$V_2^{(3)} = \{w_i : w_i = (N, 1, 0, 2, n_w, 0, 2, 1), n_w = 3, 4, 5\}$$

对于外层钢丝，有断丝集：

$$V_3^{(1)} = \{w_i : w_i = (N, 1, 0, 3, n_w, 0, 2, 1), n_w = 1, 2, 3\}$$

$$V_3^{(2)} = \{w_i : w_i = (N, 1, 0, 3, n_w, 0, 2, 1), n_w = 2, 3, 4\}$$

$$V_3^{(3)} = \{w_i : w_i = (N, 1, 0, 3, n_w, 0, 2, 1), n_w = 3, 4, 5\}$$

$$V_3^{(4)} = \{w_i : w_i = (N, 1, 0, 3, n_w, 0, 2, 1), n_w = 4, 5, 6\}$$

$$V_3^{(5)} = \{w_i : w_i = (N, 1, 0, 3, n_w, 0, 2, 1), n_w = 5, 6, 7\}$$

图 2-32 是利用漏磁模型获得的不同断丝集的漏磁信号曲线，图 2-32a 所示为断丝分布在次外层对漏磁场的影响，曲线由上至下对应 $V_2^{(1)}$、$V_2^{(2)}$、$V_2^{(3)}$；图 2-32b 为断丝分布在外层对漏磁场的影响，曲线由上至下对应 $V_3^{(1)}$、$V_3^{(2)}$、$V_3^{(3)}$、$V_3^{(4)}$、$V_3^{(5)}$。股内均布断丝的漏磁影响系数见表 2-15、表 2-16。表 2-15、表 2-16 的数据表明，对于次外层三根集中断丝，断丝分布的漏磁影响系数为 1.53 和 0.56；对于外层三根集中断丝，断丝分布的漏磁影响系数分布在 10.9 和 0.65 之间，在配置股内集中断丝时需要给予考虑。

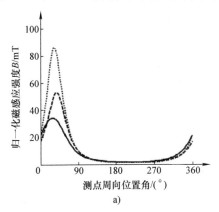
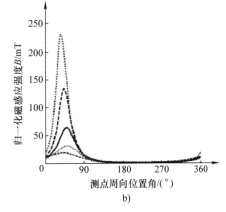

图 2-32　不同断丝集的漏磁信号曲线

表 2-15　次外层钢丝集中断丝漏磁影响系数

断丝集	$V_2^{(1)}$	$V_2^{(2)}$	$V_2^{(3)}$
ε	1.53	0.56	0

表 2-16　外层钢丝集中断丝漏磁影响系数

断丝集	$V_3^{(1)}$	$V_3^{(2)}$	$V_3^{(3)}$	$V_3^{(4)}$	$V_3^{(5)}$
ε	10.9	5.92	2.34	0.65	0

3. 断丝轴向分布对漏磁场的影响

在距离较近时，轴向两个不同的断丝漏磁场将相互影响，当轴向间距缩小到一定程度时，漏磁场将发生轴向聚集，磁场将出现极大值。研究断口间距对漏磁场的影响可以解释仪器的轴向定位精度问题，为断丝检测方法、仪器的性能评估和试样制作中断丝的轴向分布提供理论基础。

图 2-33 所示为两根钢丝构成的漏磁场轴向聚集效应几何模型。建立的笛卡儿坐标系如图 2-33 所示，坐标原点 O 位于断口 AA' 和 BB' 的对称几何中心，z 轴与钢丝轴线平行；钢丝半径为 r，两根钢丝紧邻排列，断口宽度为 l，两个断口之间的距离为 s。断口对应的等效磁偶极子的磁荷量为 Q，在断口 A、B 点为 $+Q$，在断口 A'、B' 为 $-Q$，A 点坐标为 $(-r, 0, s/2 - l/2)$，A' 点坐标为 $(-r, 0, s/2 + l/2)$，B 点坐标为 $(r, 0, -s/2-l/2)$，B' 点坐标为 $(r, 0, -s/2 + l/2)$，P 点为钢丝外的测量点，其坐标为 (x, y, z)。

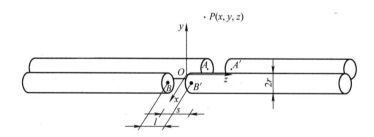

图 2-33　两根钢丝构成的漏磁场轴向聚集效应几何模型

根据磁偶极子理论，图 2-33 断口的磁偶极子在 P 点产生的轴向漏磁场强度为

$$B_p^z = \frac{-Q}{4\pi\mu_0} \frac{z - s/2 + l/2}{\left[(x+r)^2 + y^2 + (z-s/2+l/2)^2 \right]^{3/2}} + \frac{Q}{4\pi\mu_0} \frac{z - s/2 - l/2}{\left[(x+r)^2 + y^2 + (z-s/2-l/2)^2 \right]^{3/2}} +$$

$$\frac{-Q}{4\pi\mu_0} \frac{z + s/2 - l/2}{\left[(x+r)^2 + y^2 + (z+s/2-l/2)^2 \right]^{3/2}} + \frac{Q}{4\pi\mu_0} \frac{z + s/2 + l/2}{\left[(x+r)^2 + y^2 + (z+s/2+l/2)^2 \right]^{3/2}}$$

(2-7)

根据图 2-33 所示结构的对称性，可以确定，漏磁场强度最大值位于 yOz 面，即 P 点的 x 为 0，因此，式（2-7）可以简化为

$$B_p^z = \frac{-Q}{4\pi\mu_0} \frac{z - s/2 + l/2}{[r^2 + y^2 + (z - s/2 + l/2)^2]^{3/2}} + \frac{Q}{4\pi\mu_0} \frac{z - s/2 - l/2}{[r^2 + y^2 + (z - s/2 - l/2)^2]^{3/2}} +$$

$$\frac{-Q}{4\pi\mu_0} \frac{z + s/2 - l/2}{[r^2 + y^2 + (z + s/2 - l/2)^2]^{3/2}} + \frac{Q}{4\pi\mu_0} \frac{z + s/2 + l/2}{[r^2 + y^2 + (z + s/2 + l/2)^2]^{3/2}} \quad (2\text{-}8)$$

下面研究断口间距对漏磁场的影响。

定义轴向断丝影响系数为

$$\lambda = \frac{S' - S}{S}$$

式中，S 为附近不存在断丝时的单丝漏磁场强度最大值；S' 为附近有断丝存在时的漏磁场强度最大值。

分析所使用的参数见表 2-17。图 2-34 为断口间隔与轴向断丝影响系数的关系曲线。

表 2-17　断口轴向距离影响漏磁场实验参数

项目	y/mm	l/mm
参数	5	0.5, 1, 1.5, 2

图 2-34 表明，断口间隔较小时，相邻断丝的影响较大，当断口间隔为零时，漏磁场为单根钢丝断丝漏磁场的两倍；随着断口间隔的增大，相邻断丝的影响减弱，直到消失。曲线上存在一段小于零的区域，此时相邻断口使合成的漏磁场削弱。轴向相邻断口的影响大大增加了断丝定量和定位的难度，在制作钢丝绳断丝标样时需要给予考虑。

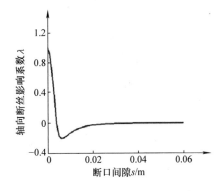

图 2-34　断口间隔与轴向断丝影响系数的关系曲线

4. 标样中的断丝配置方法

根据前面的分析，钢丝绳断丝无损检测能力评估的优劣关键在于标样的制作和断丝的配

置方法。对于一种固定结构的钢丝绳，由于影响漏磁场的因素众多，其断丝（断丝的宽度、数量和分布）集合数量庞大，不可能配备覆盖所有断丝组合的标样库，因此需要研究试样配置方法，希望通过有限的配置方案反映样本总集的概貌，以达到评价钢丝绳无损检测仪器的检测能力的目标。

按照前述的分析，在断丝几何参数对漏磁场的影响中，提离距离影响最大，其次是钢丝直径，最后是断口宽度，因此无损检测方法对不同提离值构成的断丝集检测难度最大，其次是不同直径钢丝的断丝组成的断丝集，最后是不同断口宽度的断丝构成的断丝集合。

对于股间分布断丝，其漏磁场为分布在钢丝绳圆周方向的一系列均布变化磁场，对照单根断丝产生的漏磁场可以发现，多根断丝产生的漏磁场与单根断丝产生的漏磁场之间存在相位差，进行股间均布断丝检测不但可以考察断丝量化检测能力，而且可以考察断丝的轴向定位能力。

对于股内分布断丝和股内集中断丝，断丝分布对漏磁场产生严重的影响，不同断丝集的漏磁场的强弱差异最大达到10.9，因此，股内分布断丝对漏磁场的影响非常大，特别是对于不同分布状况组成的混合断丝，量化检测的难度更大。

根据钢丝绳的结构和断丝的特点，断丝的配置空间可以通过断口宽度、断丝数量和断丝分布三个参数来描述。

定义 2-1　试样的断丝配置空间：指对于一个特定的钢丝绳标准试样，由所有可能的断丝及组合所构成的样本空间，该空间用断口宽度 w、断丝数量 q、断丝分布 d 三个向量描述，如图 2-35 所示。

对于一个特定的断丝配置，可以用 $C(w,q,d)$ 来描述，以下分别对主要内容进行分析和描述。

（1）断口宽度集的配置原则和方法　正常状态下断丝的断口宽度与钢丝绳的结构、捻制质量和所承受的载荷有关，因此断口宽度的分布范围很宽，不可能无限地增加断口密度。美国 ASTM 在《钢丝绳电磁无损检测通用规范》中规定："典型断口的长度为1/16、1/8、1/4、1/2、1、2、4、8、16 和 32in（1.6、3.2、6.4、12.7、25.4、50.8、101.6、203.2、406.4 和 812.8mm）"，但针对具体的测试未做进一步的规定，实际操作时的不确定性很大。在英国健康和安全管理机构（HSE）和南非矿业安全研究指导委员会（SIMRAC）所开展的钢丝绳检测仪器检测能力评估中，标准试样中的断丝宽度也没

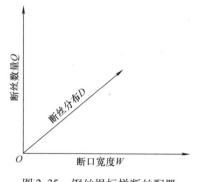

图 2-35　钢丝绳标样断丝配置
的三维空间

有明确的规定。

　　钢丝绳无损检测仪的断丝检测分辨率是衡量仪器性能的重要指标，因此必须提供规范化的断丝检测分辨率检测结果；量化检测能力评估中断丝试样也要求规范化的断丝宽度描述方法，因此研究规范化的断口描述方法是非常有必要的。

　　在仪器精度理论中，仪器的精度是准确度和精密度的综合体现，而对仪器精度的准确评估需要依靠标尺或标样的刻度和刻度的分布密度来获得。对于钢丝绳无损检测方法的断丝检测灵敏度评估而言，主要指断丝标准试样中断丝宽度分布细密程度。下面讨论两种断口宽度配置方法。

　　1）等相对差断口宽度配置方法。优先数系是一种科学和工程中广泛采用的数值制度，它适合于各种数值的分级，是国际上统一的数值分级制度。它由一些十进制等比数列构成，代号为 R_r，相应的公比代号为 q_r，r 代表 5，10，20，40 或 80 等数值。r 的含义是在一个等比数列中，相隔 r 项的末项与首项数值之比为 10。

　　由于数值项由等比数列构成，每一个数列以一定的比率递增，数列的相对差不变。因此，它提供了一种经济、合理的数值分级方法。

　　将优先数系拓宽到等比数系，定义按照等比数系构成的断丝宽度全集为

$$W_1 = \{ w_i : w_i = w_0 q^{i-1} \quad i = 1, 2, 3, \cdots \} \tag{2-9}$$

式中，w_0 为断丝宽度数列的首项；q 为数列的公比，为 $\sqrt[n]{r}$。

　　利用等相对差方法配置的试样所获得的仪器的检测极限 w_{inf} 用 w_n 和 σ 表示，其中 w_n 为仪器最小检测宽度的测量值，σ 为相对评估精度，

$$\sigma = \frac{w_n - w_{n-1}}{w_n} = \frac{aq^{n-1} - aq^{n-2}}{aq^{n-1}} = 1 - \frac{1}{q} = 1 - r^{-\frac{1}{n}} \tag{2-10}$$

　　σ 反映了评估精度与钢丝绳试样断丝宽度配置之间的关系；当 $n=0$ 时，$\sigma=1$；当 $n \to \infty$ 时，$\sigma=0$；σ 决定试样断丝分布的精细程度，并且确定试样等级。

　　2）等绝对差断口宽度配置方法。等相对差的方法虽然使评估比较清晰，但是在断口宽度不断增大的同时，评估的绝对误差也相应增大，当仪器的检测极限宽度比较大时，评估精度将下降。为此，可以使用等绝对差的断口宽度配置方法。

　　定义断口宽度的分布区间为 [w_1，w_{n+1}]，等绝对差方法的断口宽度全集为

$$W_2 = \{ w_j : w_j = w_0 + (j-1)\Delta w \quad j = 1, 2, 3, \cdots \} \tag{2-11}$$

式中，w_0 为断口宽度数列的首项；Δw 为相邻断口宽度差。

　　利用等绝对差方法配置的试样所获得的仪器的检测极限 w_{inf} 可以用 w_n 和 σ 表示，其中

w_n 为仪器最小检测宽度的测量值，σ 为绝对评估精度，$\sigma = \Delta w$。

σ 反映了测量精度与试样断丝配置之间的关系，当 $n = 1$ 时，$\sigma = w_{n+1} - w_1$；当 $n \to \infty$ 时，$\sigma = 0$。σ 决定试样断丝分布的精细程度，并且确定试样等级。

两种配置方法的比较：

定义评估的不确定性宽度总集合为

$$W_\Delta = \{ \Delta w_i : \Delta w_i = w_{i+1} - w_i \quad i = 1, 2, 3, \cdots \} \tag{2-12}$$

假设断丝检测极限宽度的真实值落在 (w_i, w_{i+1})，该区间长度 $\Delta w_i = w_{i+1} - w_i$，评估要求此区间尽量小，即 Δw_i 在 $\sum\limits_{j=1}^{m} \Delta w_j$ 所占的比例尽量小，或者剩余区间 $\sum\limits_{j=1}^{i-1} \Delta w_j + \sum\limits_{j=i+1}^{m} \Delta w_j$ 在总不确定区间 $\sum\limits_{j=1}^{m} \Delta w_j$ 所占的比例尽量大。因此，可以用剩余不确定性区间与总不确定性区间的长度比作为衡量断丝宽度集合优劣的一个指标。

定义 2-2　试样的断丝宽度冗余系数。

$$\eta = \frac{\sum\limits_{j=1}^{i-1} \Delta w_j + \sum\limits_{j=i+1}^{m} \Delta w_j}{\sum\limits_{j=1}^{m} \Delta w_j} = 1 - \frac{\Delta w_j}{\sum\limits_{j=1}^{m} \Delta w_j} \tag{2-13}$$

对于等相对差法试样有

$$\eta_1 = 1 - \frac{\Delta w_j}{\sum\limits_{j=1}^{m} \Delta w_j} = 1 - \frac{w_1 q^i - w_1 q^{i-1}}{\sum\limits_{j=1}^{m} w_1 q^j - w_1 q^{j-1}} = 1 - \frac{w_1(q^i - q^{i-1})}{w_1(q^m - 1)} = 1 - \frac{r^{i/m} - r^{(i-1)/m}}{r - 1}$$

$$\tag{2-14}$$

对于等绝对差法试样有

$$\eta_2 = 1 - \frac{\Delta w_i}{\sum\limits_{j=1}^{m} \Delta w_j} = 1 - \frac{\Delta w}{\sum\limits_{j=1}^{m} \Delta w} = 1 - \frac{1}{m} \tag{2-15}$$

对两种方法在相同长度区间，相同区间分段数进行比较。其中断丝宽度区间为 [1, 5]，$n = 20$，$r = 10$。用 MATLAB 对 η_1 和 η_2 计算，结果如图 2-36 所示。

图 2-36 所示的曲线中，等相对差形成一条单调衰减曲线，检测极限的真实值所处的区间数小时，冗余系数大，区间数大时，冗余系数小；等绝对差形成一条水平线。两条曲线在 K 点相交。在 K 点左侧区域，等相对差法制作的试样优于等绝对差法制作的试样；在 K 点的右侧，等绝对差法制作的断丝试样优于等相对差法制作的断丝试样。

（2）断丝分布集的配置方法　断丝分布是标样制作所考虑的一项重要内容，根据前述

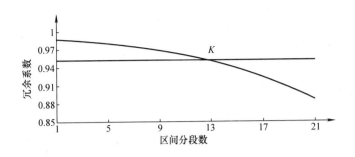

图 2-36　断丝宽度分布比较曲线

内容的研究，断丝分布是电磁检测中不容忽视的一个内容，而对分布断丝的量化检测能力是衡量断丝检测能力的最关键部分。

　　断丝集中的断丝分布问题主要指 (n_s, n_{wl}, n_w) 的配置问题。实际评估中不可能完成所有的断丝配置，从规范化评估的角度考虑，利用两种典型分布断丝描述整体断丝集的概貌，其一为钢丝绳的股间分布断丝，其二为钢丝绳的股内集中断丝。

　　1）断丝在股间的均匀分布。股间分布断丝主要用来评估仪器对周向断丝的量化能力和定位能力，对于股间均布断丝，主要考虑断丝集 $U = \{u = (n_s, n_{wl}, n_w) \mid n_s = 1, 2, 3, 4, 5, 6\}$ 的配置问题，规格为 30NAT6 × 19S + NF 的钢丝绳的一个股间均布断丝集如图 2-37 所示。

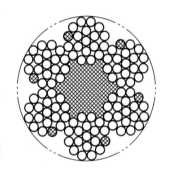

图 2-37　钢丝绳的股间
均布断丝集

　　根据 2.3.1 节的分析，股间分布断丝对漏磁场的影响主要表现在以下三个方面：

　　① 产生相位移动，单根断丝的漏磁场与股间多根均布断丝产生的漏磁场之间存在相位差。

　　② 产生信号幅值变化，影响程度与断丝在钢丝绳中的位置有关。其中，最外层断丝的影响最小（0.04），最内层断丝影响最大（1.35）。

　　③ 分布断丝的位置影响漏磁场，影响程度与断丝在钢丝绳中的位置有关。其中，最外层断丝的影响最小（0.21），最内层断丝影响最大（9.51）。

　　通过股间分布断丝的检测能力评估可以评估仪器的以下能力：

　　① 周向分布断丝的量化能力。

　　② 周向分布断丝的定位能力。

　　定义 2-3　试样的断丝完备性：断丝样本集的数量与可能的断丝集数量之比，即

$$R_n = \frac{N_e}{N_u} \quad\quad\quad (2\text{-}16)$$

式中，n 为均布断丝的数量；N_e 为一次评估使用的断丝集数量；N_u 为可能的断丝组合数量。

对图 2-38 定义的断丝集，如仅对最外层断丝进行评估，$R_6 = 4/10 = 40\%$；仅对内层断丝进行评估，$R_6 = 6/10 = 60\%$。

2）断丝在股内的集中分布。断丝在股内的分布主要用来评价仪器对股内断丝的定位能力和对集中断丝的量化能力。主要考虑断丝集 $U = \{u = (n_s, n_{wl}, n_w) \mid n_s \text{ 固定}\}$ 的配置问题。规格为 30NAT6 × 19S + NF 的钢丝绳的三根断丝的股内集如图 2-38 所示。

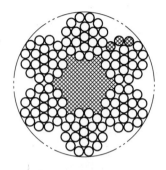

图 2-38　钢丝绳的三根断丝的股内集

根据 2.3.2 节的分析，股内集中断丝对漏磁场的影响主要表现在：不同集中断丝分布对漏磁场强度产生严重的影响。根据分析结果，集中断丝的漏磁影响系数最小 0.56，最内层断丝影响最大 10.9。通过股内集中断丝的检测能力评估可以评估仪器对集中断丝的量化能力。

对 30NAT6 × 19S + NF 结构的钢丝绳，外层钢丝可能的组合数量见表 2-18，次外层钢丝可能的组合数量见表 2-19。对 2.3.2 节定义的断丝集，如仅对最外层断丝进行评估，$R_3 = 5/8 = 62.5\%$；仅对内层断丝进行评估，$R_3 = 3/8 = 37.5\%$。

表 2-18　30NAT6 × 19S + NF 结构钢丝绳的外层钢丝组合数量

集中断丝数	2	3	4	5	6	7	8	9	10	11	12
断丝集数量	6	5	5	4	4	3	3	2	2	1	1

表 2-19　30NAT6 × 19S + NF 结构钢丝绳的次外层钢丝组合数量

集中断丝数	2	3	4	5	6
断丝集数量	3	3	2	2	1

5. 断丝数量的配置方法

无损检测方法和仪器的一个重要评价指标是其断丝量化检测能力，众多的钢丝绳检查和报废标准都将断丝数量作为评价钢丝绳是否报废的一个重要指标。断丝无损检测方法通过漏磁场来反演断丝的数量，由于断丝的漏磁场受到大量因素，特别是分布断丝的影响，断丝反演困难巨大。目前，世界上在断丝的量化检测方面仍未取得实质性的突破。

断丝数量宜用等间隔的方式配置，用量化误差曲线来描述。由于一套特定的检测仪器的有效检测范围有限，当断丝数量超过检测极限时，检测精度将急剧下降，因此对于特定行业的断丝检测而言，没必要无限地配置断丝数量，断丝空间的断丝数量的上限应该为本行业所能接受的最大断丝数量，然后再增加适当裕度，断丝数量间隔为 1。例如，对于电梯钢丝绳的断丝检测，业内不要求断丝数量超过三根，此时可以将样本的断丝数量确定为一根、两根、三根、四根和五根。

2.4　断丝漏磁场测量

磁场测量探头实现磁电的转换，它是基于磁场的无损检测新技术的核心。不同的磁电转换元件和磁场测量方法将带来不同的探头结构和检测性能指标。

2.4.1　磁场测量基本要求

磁场是矢量，单个磁敏元件或检测探头往往测量的是某一点、线或面上的磁场（磁感应强度）的分量或均值。从实际应用来看，磁敏感元器件和磁场测量原理的选择，应综合考虑下述几方面的要求。

1. 灵敏度

根据不同的检测目的和检测方法选择最佳的敏感元件。一般而言，随着磁场测量灵敏度的提高，元件和测量装置的成本增大。为了获得最优的性价比，灵敏度的选择应根据被测磁场的强弱选用适当的元件，并满足信号传输的不失真或干扰影响最小的要求。

2. 空间分辨力

磁场信号是一空间域信号，测量元件的敏感区域是局部的，一般由元件的尺寸和性能决定。为了能够测量出空间域变化频率较高的磁场信号，必须要求测量元件或单元具有相应的空间分辨能力。对应于空间域中的磁场信号，这一分辨能力可在一维、二维或三维空间中描述。空间分辨力是反映测量元件或单元敏感区大小的指标，具有方向性，沿不同的方向，空间分辨力会不同。

3. 信噪比

信噪比可定义为电信号中有用信号幅度（如裂纹检测信号）与无用信号幅度（如测量中的电噪声和被测磁场中的磁噪声）之比。在这里，幅度为一广义量值，它可以指信号幅度，也可以指测量信号中经信号处理后的相关特征的量值。一般而言，测量过程中的上述信噪比必须大于 1，否则被测对象（如裂纹）将无法识别。

4. 覆盖范围

磁场在空间上是广泛分布的，因而每一测量元件或单元均只能在有限的范围或区间上对磁信号敏感。随着测量元件或方法的不同，在与扫描方向垂直的平面上有效敏感区间也将不同。将测量元件或单元有效检测被测对象（如裂纹），即在垂直于扫描方向上信噪比大于1时，被测对象相对于测量单元中心可以变动的最大空间范围称为测量单元的覆盖范围。在检测中，如果要求一次测量较大的空间区域或防止检测时的漏检，则需要适当安置和选择多组测量单元。很明显，在某一方向上覆盖范围越大，在该方向上的空间分辨力将越差，因而，又必须根据测量的目的和要求，最优设计和选择测量单元。

5. 稳定性

测量单元应具备对检测环境和状态的适应性，测量信号特征应不受环境条件影响。因此，应对测量单元结构进行考虑，减小检测过程中随机因素的影响。

6. 可靠性

可靠性表现为多次检测时信号的重复性。由于测量信号大小与测量点同被测磁场信号源间位置远近关系密切，重复检测时上述位置关系会有所改变，测量方法选择不当时会增大几次测量信号的差异。

2.4.2　磁场测量原理和元件

将无形的磁场可视化可采用不同的磁测量原理或元件。通常是将磁场转换成电信号然后实现自动化处理。实际检测中，磁电转换原理和元件主要有下述几种。

1. 感应线圈

感应线圈通过线圈切割磁力线产生感应电压。感应电压大小与线圈匝数、穿过线圈的磁通量变化率或者线圈切割磁力线的速度呈线性关系。感应线圈测量的是磁场的相对变化量，并对空间域上高频率磁场信号更敏感。根据测量目的的不同，感应线圈可以做成多种形式。线圈的匝数和相对运动速度决定了测量的灵敏度，线圈缠绕的几何形状和尺寸决定了测量的空间分辨力、覆盖范围、有效信息比等。

2. 霍尔元件

霍尔元件基于霍尔效应原理工作，测量绝对磁场大小。元件的灵敏度、空间分辨力、覆盖范围等由其敏感区域的几何尺寸、形状以及晶体性质决定。由于它制造工艺成熟，稳定性、温度特性等均较好，在磁场测量中得到广泛应用。随着集成线路技术的发展，将霍尔感应元件和线性集成电路相结合生产出的集成霍尔元件在灵敏度上得到很大提高，一般在7V/T（特斯拉）左右，且具有了较好的封装，因而可望得到更好的应用。

3. 磁敏电阻

磁敏电阻灵敏度是霍尔元件裸件的20倍左右，工作温度在 -40~150℃，灵敏度为

0.1V/T，具有较宽的温度使用范围。空间分辨力等与元件感应面积有关。几种磁敏感元件的灵敏度比较见表 2-20。

表 2-20 几种磁敏感元件的灵敏度比较

磁场传感器	可测磁感应强度/T								
	10^{-14}	10^{-12}	10^{-10}	10^{-8}	10^{-6}	10^{-4}	10^{-2}	1	10^2
检测线圈			* * *	* *	* *	* *	* *	*	*
霍尔传感器						* *	* *	*	*
磁阻元件			* *	* *	* *	* *	*		

2.4.3 断丝漏磁场测量方法

在检测元件选定后，磁场的测量应根据被测断丝特点和检测的目的选择最佳的测量方法，包括元器件的布置、安装、相对运动关系、信号处理方式等。根据检测目的和要求的不同，在磁场信号测量中可采用下述几种方法或其组合形式。

1. 单元件单点测量

单元件测量的是其敏感面内的平均磁感应强度，当元件的敏感面积很小时，可以认为测得的是点磁场。单元件一般用在主磁通法、磁阻法和磁导法中。例如，当绕制管状感应线圈并让钢丝绳从中穿过，则可探测到钢丝绳周向整个外表面断丝产生的漏磁场，而单个半导体元件将很难实现这类构件整周上漏磁场的测量。单元件测量时后续的信号处理电路和设备相对较简单，花费的成本较低，检测时的有效信息比较大。

2. 多元件阵列多点测量

当需要提高测量的空间分辨力、覆盖范围和防止漏检测时，可采用多元件阵列组合起来进行测量。在测量信号的处理上，当需要提高空间分辨力时，采用相互独立的通道处理每个元件输出，但增大了信息量输出，降低了有效信息比。为了得到灵敏度一致的输出，对每个元件和对应通道应进行严格的标定。当只需要增大检测覆盖范围时，可以将多元件测量信号叠加，以单通道或小于元件数目的通道输出，通过电路上的组合，可选择到最佳的分辨力、覆盖范围、灵敏度。多元件测量时，要精心选择灵敏度、温度特性较一致的元件。均匀布置元件的数量应使多元件覆盖范围总和大于被测区域。很明显，多元件陈列测量相对复杂得多。

3. 差动测量技术

为了排除测量过程中振动、晃动以及被测构件中非被测特征的影响，提高测量的稳定性、信噪比和抗干扰能力，检测中应适当布置一对冗余测量单元，并将两单元测量信号进行差分处理，形成差动测量。当在平行于测量磁场方向的测量面上布置对该方向敏感的测量元件并差动输出时，形成差分测量技术，可消除测量间隙等变动带来的影响；当在测量的磁场方向上间隔布置对该方向敏感的两测量元件并差动输出时，可对磁场的梯度进行测量，形成梯度测量技术，可在较强的背景磁场下测量微弱的磁场变化。

2.4.4 断丝漏磁场检测探头设计

如前所述，在钢丝绳体外漏磁场中，既有因断丝等产生的局部畸变的扩散漏磁场，也有由钢丝绳表面绳股产生的股间漏磁场，因此，磁敏感元件探测到的是这两种磁场的矢量和。当单个元件贴于钢丝绳表面运动时，测量得到的漏磁场分量的信号波形中含有断丝产生的信号和周期性变化的股间漏磁信号。断丝断口漏磁场信号叠加于之上，而股波信号与钢丝绳结构相关。

对于确定规格尺寸和结构的钢丝绳，股间漏磁场检测信号的峰峰值基本不变化，断丝产生的漏磁场信号的峰峰值，将随着断口与敏感元件之间的周向位置变化。单个元件中心相对于断丝断口中心沿周向相对变动时检测信号幅度是变动的，为此存在单个元件的有效覆盖范围问题。测量的间隔、钢丝直径、钢丝绳规格、钢丝绳结构、磁敏感元件的敏感面积等均会对覆盖范围的量值产生影响。断丝断口产生的漏磁场特征在于两方面：第一是极值点位置，第二是峰峰值。当检测元件与断口间相对位置关系变化时，检测信号沿轴向的极值点位置不会发生变化，但极值点峰峰值变化较大。因此，为了能够定量化检测，要求同一元件对于同一断口的测量信号幅值波动较小，这样，一个元件能覆盖的范围将更小。为此必须采用多元件覆盖钢丝绳全圆周。

采用多元件检测时，周向布置多少片元件较为合适呢？

在选定了检测元件后，对应于确定规格的钢丝绳，单元件的覆盖范围后采用实验测试，周向均匀布置的最少元件数目由单元件的覆盖范围计算出来。

2.5 磁电模拟信号处理

信号处理技术决定着钢丝绳检测仪器和设备的总体性能和技术指标。

在钢丝绳检测中，信号处理的目的，是将由探头输出的检测信号不失真地进行放大、滤波等处理，提高信噪比和抗干扰能力，进一步地进行信号的分析、诊断、显示、存储、打印、记录等，给出最明显的信号特征或定量化结果。

2.5.1　信号的放大处理

磁场测量探头输出的信号一般较微弱，必须经过放大后才能进一步处理。放大器的选择和设计，首先应根据测量信号的性质选取。

在钢丝绳漏磁检测中，磁电信号为断丝产生的局部扩散漏磁场的测量信号，随着磁场测量方式的变化，这一局部磁场信号产生的电信号特征也将不同。当测量漏磁磁感应强度沿磁化方向的分量时，电信号将是叠加在背景信号上的单向脉冲信号，信号不过零点；而测量垂直于磁化方向的分量时，则将是过零点呈对称性的脉动信号。测量时，探头相对于被测磁场的运动速度波动时，电信号在时间域上的信号波形（或频率成分）将发生改变：快速时，断口产生的信号中心频率上升；慢速时，中心频率下降。

在检测电信号的处理上，局部变化的信号可以采用交流放大，通过耦合或偏置调整消除信号中的低频或直流分量，一般来讲，这类放大电路结构较简单。缓慢变化的信号则需要采用直流放大或调制解调技术，处理过程中的调零、温度补偿等将会增加电路的复杂性。检测信号放大电路的设计，应根据磁敏测量元件特性（如感应线圈测量时的速度补偿等）、测量信号特点以及检测要求选择处理方法和元器件。

2.5.2　滤波处理

信号的滤波从两方面进行：一方面是对磁场信号的滤波处理，信号工作在空间域上，采用空间滤波方法；另一方面是对磁电信号的滤波处理，信号工作在时间域上，采用时域滤波方法。当检测时探头与被测磁场间的相对运动速度 v 恒定时，空间域上的磁场信号的频率成分 f_s（单位：m^{-1}）与时间域上的电信号的频率成分 f_t（单位：Hz）之间存在着下列对应关系，即

$$f_t = f_s v \tag{2-17}$$

当速度 $v(t)$ 变化时，空间域和时间域上的信号 $x(s)$、$y(t)$ 间的频率对应关系为

$$y(t) = x(s)v(t) \tag{2-18}$$

$$F[y(t)] = F[x(s)] \cdot F[v(t)] \tag{2-19}$$

所以，对于恒定时不变场，时间域和空间域上的滤波处理是相互对应的，且可以替换实现。

1. 空间域滤波

磁场信号在空间域上的滤波处理通过空间滤波器实现，其基本原理是通过导磁性能优良

的材料主动引导空间分布的磁场，实现不同空间频率成分的磁场的分流，从而有选择性地获得测量回路上的磁场信号。空间滤波器属于结构型功能构件，它的设计应根据检测对象、条件、目的进行，因此将各有特色；另外，磁场信号是三维矢量信号，因此，滤波器不但具有频率选择性，而且具有方向性。

2. 时域滤波

当测量速度恒定不变时，可根据空间域滤波的要求和时间域滤波的要求设计磁电信号滤波器，并根据速度的变动，调整滤波器的截止频率。需要注意的是，放大电器和测量通道自身会产生噪声，为提高检测电信号的信噪比，必须将这部分噪声信号有效滤除，因此，在选择恒定的测量速度时，应选择适当的速度范围，使得测量的有用磁场信号对应的电信号的频率与电路噪声信号频率相距较大，同时，应避免它出现在50Hz的工频干扰附近。

3. 时空混合滤波

当测量速度波动时，也可以采用时域滤波的方法来实现空间域滤波。这就要求时域滤波的特征频率随探头扫描运动速度波动而变化。比较有效的方法是采用开关电容来设计滤波器（即开关电容滤波器），通过一位移测量装置测定相对移动的位置，并对它进行编码，每隔一定的空间间隔发出一脉冲，脉冲的疏密对应着运动速度的快慢，用它来控制开关电容的动作，改变电容的大小，进而改变滤波器的特征频率，实现速度跟踪滤波。实际装置中通常将时空域滤波方法结合应用，一方面确保对磁场信号的选择性，另一方面排除或减小处理电路的电噪声。

2.6　磁电信号的软件预处理

在仪器测量系统中，测量精度是首要的技术指标。数字信号采集系统在检测过程中会受到干扰和噪声，数据预处理的目的在于剔除可能出现的短促干扰脉冲信号和无意义的孤立野点，滤除不感兴趣的杂散信号。实用中，考虑到实时处理的要求，算法一般由滑动中值平滑器、汉宁滤波器等单独或组合构成。

2.6.1　磁电信号的软件平滑处理

设空间域信号序列为 $\{x(m)\}$，$m=0,1,2\cdots$ 中值平滑器的输出 $y(m)$ 为

$$y(m) = \mathrm{Median}\{x(m-1), x(m), x(m+1)\} \quad (m=1,2,\cdots) \qquad (2\text{-}20)$$

式中，Median 为中值函数。

汉宁滤波器为

$$s(m) = \sum_n y(n)h(m-n) \tag{2-21}$$

式中，$s(m)$ 为滤波器的输出；$h(m-n)$ 为汉宁窗函数，$h(0)=1/4$，$h(1)=1/2$，$h(2)=1/4$，其他值为 0。

由于磁电信号是连续信号，具有连续函数的性质，因此，对磁电离散信号序列，通常可以采用下列更为简单的方法处理。

$$x(m) = \begin{cases} [x(m-1)+x(m+1)]/2; & |x(m)-[x(m-1)+x(m+1)]/2| \geq T \\ x(m); & \text{the else} \end{cases}$$

$$\tag{2-22}$$

式中，T 由信号变化的幅度，即 $x(m)$ 的导数及经验预置。

上述处理可消除等空间间隔脉冲误差、系统干扰、随机干扰等因素的影响。

对于实时性要求不高的检测场合，可设计多种数字滤波器，采用时间序列分析方法和小波分析方法等处理方法。

2.6.2 磁电信号的时空域采样

磁场信号为空间域上的连续信号，经传感器测量后的磁电信号则为时间域上的连续信号。实际检测中，对检测信号的采样是在时间域中进行的。

当传感器相对于被测对象做匀速扫描运动时，空间域离散检测信号 $x_s(i\Delta s)$ 可以通过等时间间隔采样后的离散时间域信号 $x_t(i\Delta t)$ 求得，即

$$x_s(i\Delta s) = x_t(i\Delta t), \ (i=0, 1, 2, \cdots)$$

式中，Δs 为空间域采样间隔，$\Delta s = v_0\Delta t$，v_0 为匀速扫描的速度；Δt 为时间域采样间隔。

对空间域信号的采样，首先应该满足信号在空间域中的采样定理，又由于采样一般是在时间域内进行的，时间域采样间隔 Δt 又应满足时域采样定理。当空间域采样间隔 Δs 确定后，时域采样间隔 Δt 必须满足 $\Delta t \leq \Delta s/v$，v 为扫描速度。可以看出，时域采样间隔 Δt 直接与扫描运动的速度相关，匀速时，通过对空间域信号的空间域频谱分析，确定 Δs，进而由 v_0 确定 Δt；变速时，$\Delta t = \Delta s/v_c$，v_c 为扫描运动的最高速度。因此，磁电信号的采样可以采用三种方式：等时间间隔采样、等空间间隔采样、时空混合采样。

1. 等时间间隔采样

根据时空采样定理确定空域采样间隔 Δs，考虑扫描运行的速度 v 后，确定出时域采样间隔 Δt，由时钟脉冲触发采样。

2. 等空间间隔采样

根据空间域采样定理确定出 Δs 后，设计空间位置测量和脉冲编码器，如采用滚轮随探头同步进行扫描运动，用光电编码器对滚轮的转动进行编码，让滚轮每运行一小段直线位移后发出一触发脉冲；通过等空间间隔的触发脉冲序列控制 A – D 转换的进程，实现磁电信号按照空间位置采集。

3. 时空混合采样

当空间位置脉冲序列的间隔较大时，在空间间隔脉冲对应的时间历程内按照等时间间隔进行采集，同时，记录空间脉冲出现的时刻。在每个空间间隔对应的时间间隔内，扫描运动的速度假设为均速，将等时间间隔采样的信号序列映射到更小的等空间间隔点上，从而获得较小采样间隔的空间域信号序列。当精确的空间位置测量和脉冲编码器成本较高或难以实现时，可采用此种采样方法，以粗的位置测量和细的时域采样间隔相结合，实现高频信号的空域采样。

2.6.3 断丝检测信号波形基本特征量

在断丝漏磁检测中，信号特征往往是局部空间或时间轴上的异常信号，信号特征主要有下述几个参量。

1. 信号绝对峰峰值 P_0

绝对峰峰值 P_0 定义如图 2-39 所示。通常断丝检测信号的峰峰值高于正常区域上的检测信号峰峰值，通过设置适当的门限值 D_0 可以对断丝存在的有无做出二值化处理。门限值 D_0 的选择由信号背景噪声、灵敏度大小等因素决定。运算表示为一种非线性变换

$$c(m) = c[x(m)] \tag{2-23}$$

式中，$c[x(m)]$ 为门限函数，即

$$c(u) = \begin{cases} 1, u \geq D_0 \\ 0, u < D_0 \end{cases} \tag{2-24}$$

通过信号绝对峰峰值进行门限处理的算法简单，可以在定性检测仪、报警仪等低成本仪器中使用。但是，当信号基线出现波动时，将影响信号绝对值的幅度，有可能引起误判。

2. 信号峰峰值 PP_0

如图 2-39 所示，峰峰值定义为局部异常信号的峰与谷间幅值之差的绝对值，计算时首先要找到一个峰点和两个相邻的谷点，计算峰谷之间幅值之差，选取两者间绝对值最大的一个。这一特征量排除了信号基线波动的影响，可提高异常信号识别的准确性和可靠性。

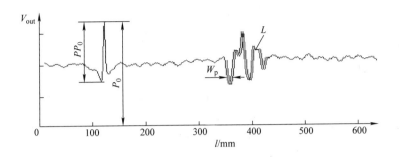

图 2-39　信号特征量

3. 相邻信号差分值 D_0

对于信号中的局部变化异常区，其相邻离散信号的差分绝对值一般远大于非异常区的差分绝对值，因而，差分值 D_0 可用来判别正常或异常区信号。D_0 定义为

$$D_0 = |x(m) - x(m-1)|, \quad m = 1,2,3,\cdots \tag{2-25}$$

式（2-25）表达的实际上为向后一步差分值，当对向后 k 步信号进行差分运算时，可得向后 k 步差分值 D_{-k}，即

$$D_{-k} = |x(m) - x(m-k-1)|, \quad m = k+1, k+2, \cdots$$

同时也可以计算得到向前一步差分值 D''_0 和向前 k 步差分值 D'_{-k}

$$D''_0 = |x(m) - x(m+1)|, \quad m = 0, 1, 2, \cdots$$

$$D'_{-k} = |x(m) - x(m+k+1)|, \quad m = 0, 1, 2, \cdots$$

信号的差分值在某些方面描述了相邻或相近信号之间的相关性。

4. 波宽 W

当考虑信号在时间或空间分布情况时，波宽是最简单的参数，常用的波宽指标有 W_{90}、W_{75}、W_{50}、W_{25}、W_{10} 等，如图 2-39 所示。

$$W_p = \sum_m^{m+N} c[x(m)] \tag{2-26}$$

式中，N 为一个波动信号采样点数，门限函数 $c(u)$ 的门限值 t 为

$$t = PP_0 \frac{P_0}{100} - \min[x(n)], \quad n = m, m+1, \cdots, m+N \tag{2-27}$$

5. 波形面积 S

波形面积定义为异常信号波形中两极小点正对坐标轴内的面积。

$$S(m) = \sum_m^{m+N} x(m) \tag{2-28}$$

波形面积 S 与异常信号的均值有关，反映了信号的短时一阶原点矩。在断丝的定量识别

中通常与其他特征一起使用。

6. 信号周长 L

信号周长 L 指信号在幅值和时间（空间）二维空间上的路径，如图 2-39 所示。

7. 短时能量 E_s

$$E_s(m) = \sum_m^{m+N} x(m)^2 \tag{2-29}$$

上述只是局部异常信号的一些基本特征量，将这些特征进行组合后可以获得一些新的特征。从统计模式识别来看，不同的特征组合形式便形成多种特征向量。

对 LF 类缺陷，尤其是断丝的检测存在挑战，有限元与实验相结合的方法是解决漏磁检测问题的途径。LF 检测评估主要包括检测分辨率和量化检测精度评估。检测分辨率主要在于单根断丝的检测能力和集中断丝的分辨能力，单根断丝的断口形状十分重要，一般而言，当断口间隙大于 2mm 时，漏磁场信号幅度不再随其波动，而对于密集的断丝（单股中局部超过六根），想要仪器对单根的位置进行分辨十分困难，所以，量化检测精度一般考量的是局部较少断丝的情况，不能对仪器抱有很高的期望值。

综上所述，钢丝绳 LF 的检测确实是一个难题，需要在应用中进一步探索和认识。

第3章　钢丝绳金属横截面积测量方法

钢丝绳的金属横截面积（通常简称 MA）是指绳中各钢丝横截面积的总和。钢丝绳上的缺陷，如断丝、磨损、锈蚀、绳径缩细等均将产生金属横截面积总量的损失（LMA），因而也就直接影响着钢丝绳的强度和在役钢丝绳的安全系数。虽然国内各行业以及国家制定的钢丝绳更换报废和检验标准中未明确指出金属横截面积变化的检测指标，但在实际检验中，这一参数是综合评价钢丝绳使用状况的有力依据，现有规程中有关磨损量的量化指标，最多也只考虑到了外部磨损；对于锈蚀的检测，根本无量化指标，对内部磨损、锈蚀、坑点等，则无直接的评价方法和指标体系。在不断实践中，金属横截面积的变化可以定量化地评估上述缺陷的状态，因而，在具有相应检测手段以后，美国率先制定了基于仪器检测的钢丝绳检验标准，对在役钢丝绳的状况评估提供了一套较为科学的评估手段和体系。

钢丝绳金属横截面积的检测主要通过测量绳中磁通量的大小来实现。因而，相应的测量也就称为磁通测量。

钢丝绳金属横截面积及其变化将线性地反映到绳中的磁通量上，但是，钢丝绳中磁通量的测量相当困难，必须采用一些特殊的方法来直接或间接测量，因而，金属横截面积测量的方法多种多样。

与断丝相比，LMA 的主要特征是其沿轴向的分布区域较大，对磁回路中磁通量的影响远远大于断丝。LMA 电磁测量研究中，实验方法的优点是可以获得最直接的现实结果，但无法在螺旋结构体上制作 LMA；磁阻模型的优点是检测系统参量之间的关系清晰，缺点是过多的简化，忽略了磁场的非线性特征，误差很大；有限元分析可以真实地再现磁场，特别是材料内部的真实状况，可以方便地改变各种实验参数，但计算精度受到算法等因素的影响，计算结果与实际实验有一定的差距，就精度而言，有限元方法是介于实验和磁阻模型之间的一种方法。

LMA 测量方法的实施中，标定用的试样是关键，因此，标定试样的配置方法十分重要。本章首先给出钢丝绳金属横截面积测量方法；基于磁阻模型，分析 LMA 检测方法的特性；基于 ANSYS 软件对钢绞线和钢管进行三维电磁场仿真计算，研究钢绞线和钢管的电磁检测特性，通过钢绞线和钢管的比较研究，分析两者在磁化、LMA 检测特性以及对磨损分布的敏感性的差异和相似性，研究钢丝绳试样与钢管试样间的评估等效性问题；最后分析 LMA 检测能力评估中的标样配置和评估方法。

3.1　金属横截面积磁通测量原理

当钢丝绳被饱和磁化时，其轴向磁通量与金属横截面积近似成正比。LMA 和 MA 测量系统的实现步骤如图 3-1 所示。

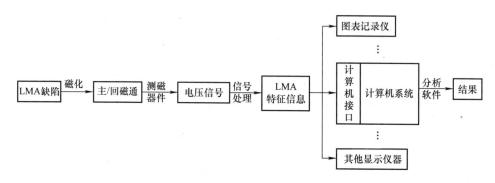

图 3-1　钢丝绳 LMA 和 MA 测量系统的实现步骤

根据磁通测量的方法不同，磁通的测量分为主磁通法、回路磁通法。主磁通法的检测原理如图 3-2a 所示，在测量 LMA 缺陷时轴向分辨率高，也能对部分 LF 类缺陷进行检测，所以得到了广泛运用。主磁通法中要求绕制环形线圈，改进的主磁通法采用剖分的线圈，如图 3-2b 所示，方便了安装。在用霍尔元件等进行 LMA 缺陷检测时，需要通过测量磁路中的回路磁通间接测量钢丝绳中的磁通，称为回路磁通法，如图 3-2c、d 所示，回路磁通法实质上是一种近似方法，检测精度受到一定的影响。

3.1.1　主磁通测量原理

1. 测量原理

主磁通检测方法测量的是钢丝绳本体内的磁通量，因而，是一种直接测量方法。这一方法起源于铁磁性材料的磁化特性曲线（$B-H$ 曲线）的测量方法。被测的铁磁性材料首先被制成环状，然后在环上绕制线圈。环的作用是：第一，它通过线圈产生需要的磁场强度 H；其次，它通过另一线圈测量环中磁感应强度随 H 改变之后的变化。如图 3-3 所示，用很低频率的交流电流驱动 $H-$ 线圈，同时让 $B-$ 线圈与积分器相连形成磁通检测器，测量出典型的 $B-H$ 曲线，如图 3-4 所示。

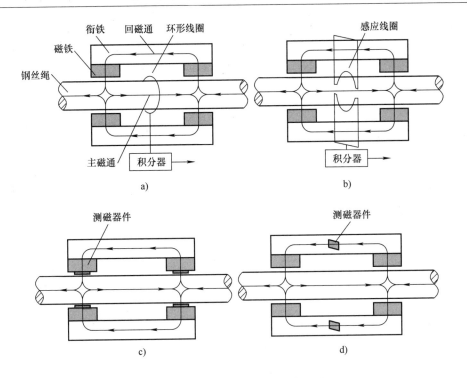

图 3-2　主/回路磁通检测法原理图

a）主磁通法　b）改进的主磁通法　c）回路磁通法　d）改进的回路磁通法

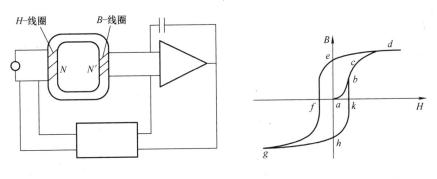

图 3-3　罗兰环实验原理图　　　　图 3-4　典型 $B-H$ 输出曲线

在上述实验中，导磁环的应用有两个目的：第一，它提供一个恒定不变的横截面积让磁场沿环路通过，不产生磁极；第二，它使得磁场强度由环的几何形状尺寸和磁化线圈的匝数简单地计算出来，磁感应强度 B 则通过在环上紧密地缠绕测量线圈，然后通过对测量信号的积分求得。这样，磁感应强度 B 简单地由式（3-1）计算，即

$$B = \Phi/A_{\mathrm{t}}\tag{3-1}$$

式中，A_{t} 为垂直于磁力线方向的环的横截面积。

为了适应工程应用，将环打开，构成被检测钢丝绳的一部分，而将 H-线圈和 B-线圈从环的表面移开，让它与钢丝绳间隔有一定的间隙，让钢丝绳能够顺利地通过。

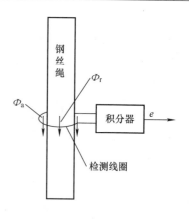

图 3-5　主磁通检测原理图

H – 磁场将钢丝绳磁化至饱和，但是，由于极性的存在，这将在区间 P 和 Q 上产生一个退磁场 HN_d（N_d 为退磁系数），如图 3-5 所示。这里，磁力线将穿出和穿入钢丝绳，在很多应用中没有实质的限制；因为 H – 磁场要求能磁化钢丝绳至饱和，因而它将不会在下述方程中体现出来。但是，在 B – 线圈测量到的总的磁通量 Φ_t 中存在空气隙中的磁通量 Φ_a，这部分磁通量在测量 B – 线圈内侧和钢丝绳表面间的空气间隙中穿过，于是有式（3-2）存在。进一步地，它也包括麻芯钢丝绳中麻芯中穿过的磁通量。

$$\Phi_t = \Phi_r + \Phi_a \tag{3-2}$$

式中，Φ_r 为穿过钢丝绳的磁通量。

以热轧钢管为例对测量过程进行如下说明：

取一长 10m、公称直径为 73mm、壁厚为 4.8mm 的热轧钢管穿过检测系统，管的内壁在 2m 长的范围内被磨损，这一磨损在管外是看不见的。

图 3-6 描绘了 B – 线圈测量信号经由电子积分器输出的理想的曲线图，曲线图随油管穿过检测系统而变化，电压信号的变化解释如下：

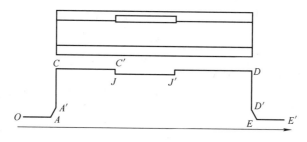

图 3-6　油管通过检测系统的输出波形

1）OA——输出初始值，油管进入，此时 H – 线圈的供电电源关闭。

2）AA'——输出变化，当励磁线圈通电，管端离开 B – 线圈，它表明当 H – 线圈激励后 B – 线圈中总磁通量的变化大小。

3）$A'C$——间隙，直至油管的进入端进入 B – 线圈。

4）CC'——输出变化，当油管进入 B – 线圈。

5）C'——积分器的输出值，对应于式（3-2）。

6) $D'D$——输出变化，当油管离开 B – 线圈（C 点和 D 点应该在同一条水平线上，如果积分器无漂移）。

7) EE'——输出变化，当 H – 线圈关闭。

8) JJ'——输出变化，由于磨损引起的。

现在研究一下式（3-2），根据法拉第电磁感应定律，B – 线圈感应电动势为

$$e = -\,\mathrm{d}(N\varPhi_\mathrm{t})/\mathrm{d}t \tag{3-3}$$

式中，N 为 B – 线圈的匝数；$\varPhi_\mathrm{t}$ 为磁通量。

将式（3-3）对时间进行积分，有

$$\int e\mathrm{d}t = -N\int\mathrm{d}\varPhi_\mathrm{t} \tag{3-4}$$

由式（3-4），得到积分器输出电压 E_0

$$E_0 = NK\int\mathrm{d}\varPhi_\mathrm{t} \tag{3-5}$$

式中，K 为积分器的常数。

将式（3-2）代入式（3-5）有

$$E_0 = NK\int\mathrm{d}(\varPhi_\mathrm{a} + \varPhi_\mathrm{r}) \tag{3-6}$$

若设空气间隙和钢管中穿过的磁通量为磁感应强度和感应面积的乘积，则有

$$\varPhi_\mathrm{t} = (\boldsymbol{A}\cdot\boldsymbol{B})_\mathrm{a} + (\boldsymbol{A}\cdot\boldsymbol{B})_\mathrm{r} \tag{3-7}$$

将积分变量置换后，式（3-6）变成下式

$$E_0 = NK\int[\,(\boldsymbol{A}\cdot\mathrm{d}\boldsymbol{B})_\mathrm{a} + (\boldsymbol{B}\cdot\mathrm{d}\boldsymbol{A})_\mathrm{a} + (\boldsymbol{A}\cdot\mathrm{d}\boldsymbol{B})_\mathrm{r} + (\boldsymbol{B}\cdot\mathrm{d}\boldsymbol{A})_\mathrm{r}\,]$$

$$= NK\int(A_\mathrm{a}\mathrm{d}B_\mathrm{a} + B_\mathrm{a}\mathrm{d}A_\mathrm{a} + A_\mathrm{r}\mathrm{d}B_\mathrm{r} + B_\mathrm{r}\mathrm{d}A_\mathrm{r}) \tag{3-8}$$

在实际检测中，金属横截面积的损耗（如磨损、锈蚀、腐蚀等）表示为钢丝绳或油管等横截面积的减小，相应地，在 B – 线圈所包围的横截面中，空气隙面积就增大，因此，有 $\mathrm{d}A_\mathrm{a} = -\mathrm{d}A_\mathrm{s}$，式（3-8）变成

$$E_0 = NK\int[A_\mathrm{a}\mathrm{d}B_\mathrm{a} + A_\mathrm{s}\mathrm{d}B_\mathrm{s} + (B_\mathrm{s} - B_\mathrm{a})\mathrm{d}A_\mathrm{s}] \tag{3-9}$$

积出上式被积变量，有

$$E_0 = NK[A_\mathrm{a}B_\mathrm{a} + A_\mathrm{s}B_\mathrm{s} + (B_\mathrm{s} - B_\mathrm{a})\Delta A_\mathrm{s}] \tag{3-10}$$

式中，ΔA_s 为金属横截面积的变化。可以看出，式（3-10）中不含有与时间相关的变量，这对检测将十分重要。

从式（3-10），回过头来再看检测的典型信号曲线。首先，积分器在 H - 线圈未供电之前，其输出为 0（OA 段）；其次，当 H - 线圈上电后，B - 线圈所包围的空间中磁感应强度不断增加，积分器的输出从 0 上升到某一值，该值与 $A_a B_a$ 相关；接下来，当钢管进入 B - 线圈中时，增加了与 $A_a B_a$ 相关的输出。最后，JJ' 跳变由（$B_s - B_a$）ΔA_s 产生。随着3m 长的磨损段进入或离开 B - 线圈，它在 $A_a B_a$ 中减小或在 $A_a B_a$ 中增加。而 DD' 和 EE' 则是因钢管离开 B - 线圈和关掉 H - 线圈电源后的输出。

2. 测量系统性能分析

（1）系统灵敏度　对式（3-10）的各项进行分析如下。

首先，$A_a B_a$ 为测量线圈内空气间隙中通过的磁通量。事实上此空间中的磁感应强度 B_a 不是一个常量，这一量值应该是 B_a 对面积的面积分。

其次，$A_a B_a$ 为管中的磁通量，对于饱和磁化的钢管而言，$B_s \gg B_a$，典型情况下，$B_s \approx$ 2T，而 $B_a \approx 0.02$T。同时，因为 A_a 比 A_s 大不了多少，因此，公式中第二项将比第一项大很多。第三项则为一个大的常量（$B_s - B_a$）与一个小的变量 ΔA_s 之积。在此，描述为该直接磁通检测方法的测量灵敏度。表 3-1 给出了一组实验数据。磁通量单位为 mWb，$B_a =$ 0.02T，$B_s = 2.0$T，ΔA_s 为 A_s 的 1%。

表 3-1　灵敏度实验结果

构件	线圈内径/mm	$B_a A_a / \mu\mathrm{Wb}$	$B_s A_s / \mu\mathrm{Wb}$	（$B_s - B_a$）$\Delta A_s / \mu\mathrm{Wb}$
ϕ15.875mm 油杆	ϕ50.8	36.6	396	3.92
ϕ25.4mm 油杆	ϕ50.8	30.4	1013	10.03
ϕ25.4mm×3.2mm 钢管	ϕ50.8	36.1	443	4.39
ϕ32mm×3.2mm 钢管	ϕ101.6	156.4	570	5.64
ϕ60mm×4mm 钢管	ϕ101.6	147.8	1437	14.22
ϕ73mm×4.8mm 钢管	ϕ101.6	141.5	2068	20.47

绝对灵敏度 ∂_s 定义为单位金属横截面积变化时，系统输出信号电压的变化，单位采用 V/mm^2，则本检测系统的灵敏度为

$$\partial_s^{(1)} = Nk(B_s - B_a) \tag{3-11}$$

可以看出，$\partial_s^{(1)}$ 与 B - 线圈的匝数、积分器的放大系数、（$B_s - B_a$）有关。对于直接磁通检测，（$B_s - B_a$）值一般变化不大，因此，欲提高灵敏度，则需增大 N 和 k。

相对灵敏度 β_s 定义为被测铁磁性构件的金属横截面积变化1%时，输出信号的变化值，单位为 V，则

$$\beta_s = \partial_s^{(1)} A_s / 100 \tag{3-12}$$

因此，当绝对灵敏度相同时，相对灵敏度 β_s 随被测构件的金属横截面积的加大而增大。

（2）电子积分器的影响　电子积分器的应用使得采用线圈来测量磁通量的绝对值变化成为可能。在式（3-10）中，由于将时间变量从计算公式中消去，积分器的优点显得不太明显。事实上，积分器的性能好坏直接影响着测量信号的性能。性能较好的积分器，当被测物件停止于检测的 B-线圈中时，其输出 E_0 能够保持恒定不变。这种与时间无关的输出特性，可以让操作者在检测的过程中，让被测构件以较低的速度在测量线圈中穿过，且速度可以波动变化，而不必担心感应线圈输出信号会发生波动，因此，它避免了感应线圈测量中速度敏感的影响。被测的构件能够被停下来，返回去进行重复实验，而测量系统能够重复测量的轨迹。这样，当按照空间长度历程来记录系统输出信号的幅度时，就可以清楚地显示出被测量的铁磁性构件的金属横截面积的变化量。

（3）构件偏心的影响　根据测量原理，被测量的构件在 B-线圈偏心对测量不会产生很大的影响。因为，对于磁化至饱和的构件，其在 H-线圈内变动时，构件的磁化程度不会发生实质性变化，从而 B-线圈测量到的总磁通量也就不会产生很大的变动。在检测系统的操作过程中，被测构件工作在相对平坦的 B-H 曲线段。

（4）B-线圈提离距离的影响　当被测构件定心于 B-线圈中，突然变化的金属横截面积通过线圈时，输出 E_0 不会发生突变，但在一个较小的距离内改变。这是因为磁化在不连续的两边均产生了变化，随着构件几何尺寸的变化，退磁场也产生变化。如图 3-7 所示，两个不同尺寸的管子连接在一起时，退磁系数 N_d 在薄壁一边的管子中比在厚壁一边的管子中要小一些。在每个被测构件的端部，退磁场不仅在端部，而且在距端部一定范围内均产生影响，此现象称为端部效应。

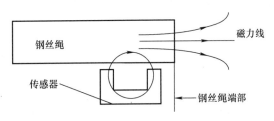

图 3-7　退磁场的影响

3. 测量系统的标定

在检测过程中，对式（3-10）中的前两项并不太关心，因为它可以表示为一个常量，可以定义为输出信号的偏移电压 E_{00}。为了消除这一偏移量，只要在测量系统中放置一已知尺寸的构件（或者新的被测构件），在这种情况下，$\Delta A_s = 0$，式（3-10）简化为

$$E_{00} = Nk(A_a B_a + A_s B_s) \tag{3-13}$$

此时，材料可能工作在其磁化特性曲线的 d 点，如图 3-4 所示。改变 H-线圈中的电流方向，工作点将回到 k 点，这一过程可写成

$$\left.\begin{aligned} E_{\rightarrow} &= Nk(A_a B_a + A_s B_s) \\ E_{\leftarrow} &= Nk(-A_a B_a - A_s B_s) \end{aligned}\right\} \tag{3-14}$$

式（3-14）中，前后两式相减得

$$E_{\rightarrow} - E_{\leftarrow} = 2Nk(A_a B_a + A_s B_s) = 2E_{00} \tag{3-15}$$

即

$$E_{00} = \frac{1}{2}(E_{\rightarrow} - E_{\leftarrow}) = Nk(A_a B_a + A_s B_s) \tag{3-16}$$

因此，记录 Z 和 Z' 点对应的积分器输出电压值，并将它们相减，就可以很容易地求得 E_{00} 值。

用式（3-10）减去式（3-16），有

$$E_0 - E_{00} = Nk(B_s - B_a)\Delta A_s = \Delta E_0 \tag{3-17}$$

式（3-17）表明，对于已知的检测环境（如新绳横截面积或新管、新棒的横截面积），金属横截面积的变化正比于输出信号电压的变化。

因此，无论是新的构件或具有磨损、锈蚀等在役构件，这一原理均适用。

4. 测量方法的限制

（1）检测速度 本方法适用于较低的检测速度，典型值应该小于 $2m/s$。当速度较高时，构件中会产生涡流，从而降低构件中的磁感应强度或者使构件不能全部有效磁化。

（2）突变缺陷 当构件中有突然的横截面积变化时，输出信号不能随之突然变化，存在一定区域内的过渡段，这是因为退磁效应的影响。

（3）检测线圈 在本方法中，检测线圈为穿过式线圈。在实际检测中，现场直接绕制线圈较为复杂，且难以保证尺寸精度。对于承载绳和牵引绳，穿过式线圈在现场安装几乎是不可能的。因此，必须设计成剖分式线圈，通过接插件将半环线圈相互间串联联通。对于少匝数的线圈，是可以实现的。

S_m 由励磁源的尺寸决定，$\varPhi_m$ 可以认为是恒定不变的。这就相当于电路中的恒流源，在此，也只有稀土永久磁铁具有这一特性。

3.1.2 回路磁通测量原理

当采用霍尔元件或磁敏半导体来测量主磁通量时，不可能像线圈一样直接测量钢丝绳中

磁通量的大小。因此,只能采用间接测量的方法进行。

1. 测量原理

回路磁通检测方法在磁化回路的空气间隙中测量磁通量,再间接计算钢丝绳中的磁通量。典型的测量原理如图 3-8 所示,霍尔元件或磁敏半导体安装在磁源与钢丝绳表面间的间隙内。

上述磁路的等效磁路如图 3-9 所示。图中,R_w 为钢丝绳的磁阻,R_a 为磁铁与钢丝绳表面间空气隙的磁阻,R_m 为磁铁内阻,R_{ML} 为钢丝绳表面与衔铁间空气磁阻,R_L 为衔铁的磁阻,F_m 为磁铁的磁动势。

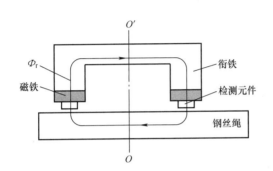

图 3-8 回路磁通检测法

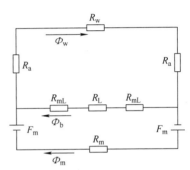

图 3-9 回路磁通检测法等效磁路

设励磁用磁铁的横截面积为 S_m,磁铁工作在磁感应强度为 B_m 处,则每个磁铁提供的磁通量 Φ_m 为

$$\Phi_m = B_m S_m \tag{3-18}$$

稀土永久磁铁的磁能积较大,当励磁回路的磁阻较小时,磁铁将工作于退磁曲线的上端并靠近 B_r 轴线,如图 3-10 所示。因此,B_m 的值变化较小。

同时,因励磁磁路对 OO' 平面呈对称结构,则图 3-9 的等效磁路简化成图 3-11 所示的形式。

根据磁路分析的基本定律,通过空气(测量气隙)的磁通量 Φ_a 为

$$\Phi_a = \frac{R_{mL}}{R_w + R_L + R_a + R_{mL}} \Phi_m = \frac{R_{mL}}{R_L + R_a + R_{mL}} \frac{1}{1 + \dfrac{R_w}{R_L + R_a + R_{mL}}} \Phi_m \tag{3-19}$$

设 $R_z = R_L + R_a + R_{mL}$,则有

$$\Phi_a = \frac{R_{mL}}{R_z} \frac{1}{1 + \dfrac{R_w}{R_z}} \Phi_m \tag{3-20}$$

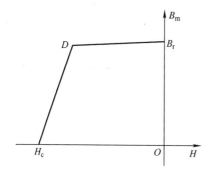

图 3-10 稀土永久磁铁退磁曲线

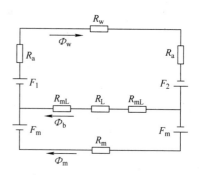

图 3-11 等效磁路的简化形式

空气的相对磁导率为 1, 钢丝绳的相对磁导率 μ_{rw} 随着磁化程度的不同而变化, 在 100 ~ 1000 之间, 所以, R_w 比 R_z 要小得多, R_w/R_z 则为一个很小的量, 于是式 (3-20) 采用级数展开后省去高次项为

$$\Phi_a = \frac{R_{mL}}{R_z}\Phi_m - \frac{R_{mL}}{R_z}\frac{R_w}{R_z}\Phi_m \qquad (3-21)$$

将钢丝绳磁导计算式 $R_w = \dfrac{4L_w}{\mu_{rw}S}$ (L_w 为磁路沿钢丝绳轴向的长度) 代入式 (3-21), 有

$$\Phi_a = \frac{R_{mL}}{R_z}\Phi_m - \frac{R_{mL}}{R_z^2}\frac{4L_w}{\mu_{rw}S}\Phi_m \qquad (3-22)$$

记 $\Phi_0 = \dfrac{R_{mL}}{R_z}\Phi_m$, $k = \dfrac{R_{mL}\times 4L_w}{R_z^2\mu_{rw}}$, 上式简化为

$$\Phi_a = \Phi_0 - \frac{k}{S}\Phi_m \qquad (3-23)$$

初步分析式 (3-23) 可以看出, 若钢丝绳已磁化至饱和, 其中的磁感应强度认为不变, 当金属横截面积减小时, 经过空气间隙流入钢丝绳中的磁通量随着减小, 磁铁提供的总磁通量 Φ_m 中经磁铁两端漏掉的磁通量增加。若设钢丝绳的初始横截面积为 A_0, 减小的金属横截面积为 ΔA, 则式 (3-23) 为

$$\begin{aligned}
\Phi_a &= \Phi_0 - \frac{k\Phi_m}{A}\frac{1}{1-\dfrac{\Delta A}{A}} \\
&= \Phi_0 - \frac{k}{A}\Phi_m - \frac{k\Phi_m}{A^2}\Delta A \\
&= \Phi'_0 - k'\Delta A
\end{aligned} \qquad (3-24)$$

其中, 记 $\Phi'_0 = \Phi_0 - \dfrac{k}{A}\Phi_m$, $k' = \dfrac{k\Phi_m}{A^2}$。

于是 Φ_a 与金属横截面积的变化量 ΔA 呈线性关系。又有

$$\Phi_a = S_a \overline{B}_a = S_a \frac{U_0}{K_H} \tag{3-25}$$

式中，S_a 为测量平面的面积，对于确定的探头结构其将恒定不变；$\overline{B}_a$ 为测量平面上磁感应强度的平均值；K_H 为霍尔元件的灵敏度系数；U_0 为霍尔元件输出电压。

将式（3-25）代入式（3-24）有

$$U_0 = \frac{K_H}{S_a} \Phi'_0 - \frac{K_H}{S_a} \cdot k' \Delta A = U_{00} - \partial^{(2)} \Delta A \tag{3-26}$$

其中，$U_{00} = \dfrac{K_H}{S_a} \Phi'_0$，$\partial^{(2)} = \dfrac{K_H}{S_a} k'$

因此，被测钢丝绳金属横截面积的变化量为

$$\Delta A = \frac{U_{00} - U_0}{\partial^{(2)}} \tag{3-27}$$

很明显，式（3-27）中的 $\partial^{(2)}$ 即为该测量方法的绝对灵敏度。因此，当霍尔元件安放在测量气隙中时，在一定的误差允许范围内，能够线性地测量金属横截面积的变化量。从式（3-22）可以看出，面积与磁通量间的关系是一负指数曲线。测量中只能在某一工作点附近的一小段范围内具有较好的线性和精度。很明显，检测过程与时间毫无关联，加之霍尔元件的无速度影响特性，检测时的速度、重复性将均较好。

2. 测量基准 U_{00} 的确定

从上述检测原理可以看出，随着被测金属横截面积的变化，输出 U_0 不可能在大范围内线性变化。为了精确测量出金属横截面积的变化，对于这类非线性输出的传感器，对不同横截面积的钢丝绳，即不同规格尺寸的钢丝绳，采用先测量出基准 U_{00}，然后以此为基准去测量横截面积的变化量。因此，确定 U_{00} 值是测量的第一步。

U_{00} 值的确定目的是寻找出某一测量范围内的某一个工作点。因此，采用一个已知横截面积为 A_0 的被测构件，测量出探伤传感器的输出电压 U_t，如图 3-12 所示。当被测钢丝绳面积在 A_0 附近时，可以认为输出与横截面积变化间的关系是线性的。于是，当实际输出为 U_T 时，被测的钢丝绳横截面积 A_t 为

$$A_t = A_0 + \frac{(U_T - U_t)}{2} \tag{3-28}$$

相对变化率 $A_t\%$ 为

$$A_t\% = \frac{U_T - U_t}{\partial A_0} \times 100\% \tag{3-29}$$

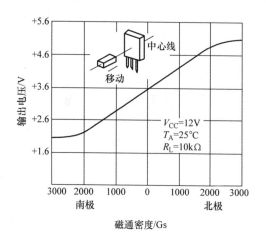

图 3-12　回磁通检测探头的特征曲线（$1Gs = 10^{-4}T$）

对某一规格的钢丝绳，可以选择新钢丝绳作为标定基准线的构件，这样，在测量使用该钢丝绳时，钢丝绳的绝对横截面积和相对横截面积变化均可由式（3-28）和式（3-29）计算得到。

3. 横截面测量灵敏度的测定

从上述原理分析不难发现，横截面测量灵敏度受多种因素影响，例如，磁铁的磁场强度、面积、测量平面的大小、霍尔元件的灵敏度以及被测钢丝绳横截面积。理论推导很难确定 ∂ 值，因此，只能通过实验的方法对单个探头进行标定。

相对而言，横截面灵敏度的标定较简单。若被测钢丝绳面积为 A_r，探头测量时输出电压为 U_1，在钢丝绳上与轴线平行加上一钢丝，面积为 A_w，此时测量探头输出电压为 U_2，则灵敏度 ∂ 为

$$\partial = \frac{U_2 - U_1}{A_w} \tag{3-30}$$

4. 测量误差分析

对于同一内径的检测探头，当它测量不同直径的钢丝绳时，磁铁与钢丝绳表面间的空气间隙相应发生变化，磁阻 R_a 随之变化。在 R_z 中，由于 R_L 很小，R_{mL} 不变，R_z 随气隙变化，因此，灵敏度也将变化。所以同一规格的探头测量不同规格的钢丝绳时，必须重新标定 U_{00} 和 ∂ 值。另外，当被测钢丝绳表面磨损而直径变细时，空气隙会发生变化，测量信号将随之增大，此时的金属横截面积的测量值将会偏小。

即使采用沿周向四个独立的励磁回路，当钢丝绳出现偏心时，由于各部分磁阻的增大或减小不随空气间隙呈线性关系，四个部分磁阻相加后，不可能抵消偏心影响，R_z 会波动，

从而造成测量值的偏大或偏小。

　　由于检测时要求磁化钢丝绳至饱和，在空气间隙中的磁感应强度势必较强，测量用霍尔元件的量程范围要求较宽，相反，灵敏度就不可能很高，不然，后续的信号处理电路将会出现饱和现象。当横截面变动引起的磁感应强度微弱时，霍尔元件将不可能很好测量，从而降低了测量的灵敏度。从后续的处理电路来看，由于空气间隙中存在较强的基础磁场，磁敏元件将会感应出较高的输出电压，当输出电压微变时，模拟电路总是难以处理好较宽的输出范围和较高的敏感性这一问题。例如，霍尔元件输出 1V 的基准电压，在此叠加上 1mV 的微变信号，采用直流放大器对此信号放大时，就不可能达到很高的增益，也就提高不了灵敏度。这是回磁通检测方法的最大问题所在。

3.1.3　磁桥路测量原理与性能分析

　　在上述检测原理中，产生测量误差的主要原因在于空气隙变动对磁路各参数的影响，以及在测量信号处理上的大偏置电压和小变动信号之间的矛盾。为了改善测量的线性度，提高测量的灵敏度，提出了一种基于电桥平衡原理的磁桥路检测法。

1. 测量原理

　　在测量回路中增加另一辅助磁化回路，该回路在测量通路上形成的磁通量与经过钢丝绳的回路在其中形成的磁通量方向相反。通过调节辅助磁回路的磁化强度，来有效地减小测量通路上磁感应强度的大小，这样，在测量通路上安装的霍尔元件，其输出在零点附近。当被测钢丝绳具有横截面积变化时，就可以采用高的灵敏度测量微弱变化的磁场。实际上，辅助磁回路是一磁场的偏置调节环节，这一测量法中，是将电路的偏置调节前移到

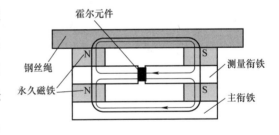

图 3-13　磁桥检测原理

磁路的偏置调节中，从而有效解决处理电路上的困惑。基本原理如图 3-13 所示。与前节不同，在这里，主磁路和桥路共同作用，将钢丝绳磁化到饱和。由于钢丝绳和主衔铁关于测量衔铁对称，可以不考虑漏磁通的影响。根据磁路基尔霍夫定律，可知

$$\Phi_w = \Phi_m + \Phi_b \tag{3-31}$$

式中，Φ_b 为测量衔铁中的磁通量，$\Phi_b = B_b S_b$，其中 B_b、S_b 分别为测量衔铁中的磁感应强度和横截面积；Φ_m 为主衔铁中的磁通量，$\Phi_m = B_m S_m$，其中 B_m、S_m 分别为主衔铁中的磁感应强度和横截面积；Φ_w 为钢丝绳中的磁通量，$\Phi_w = B_w S_w$，其中 B_w、S_w 分别为钢丝绳中的

磁感应强度和横截面积。将上述诸式代入式（3-31）整理后可得

$$S_w = \frac{B_m S_m + B_b S_b}{B_w} \qquad (3-32)$$

在这里，钢丝绳中的磁感应强度 B_w 与主衔铁中的磁感应强度 B_m 在饱和磁化时为定值，测量衔铁的横截面积 S_b 和主衔铁的横截面积 S_m 由设计决定。因此，由式（3-32）可以看出，钢丝绳的横截面积 S_w 与 B_b 呈线性关系。

在一般情况下，钢丝绳与主衔铁中的磁场参数相同，通过磁桥的磁通量为零，当钢丝绳横截面积发生变化时，整个磁路系统的平衡被破坏，测量衔铁中的磁通量不为零。当测出 B_b 后，钢丝绳的横截面积 S_w 可由式（3-32）计算得到。

2. 性能分析

基于该检测原理设计的传感器，其主要性能分析如下。

（1）线性度　由于磁路中漏磁场影响复杂，理论计算难以获得精确的结论，在此，通过实验的方法进行分析。主要验证钢丝绳横截面积变化与霍尔元件输出之间是否存在着线性关系。

采用图 3-14 所示的实验装置进行实验。

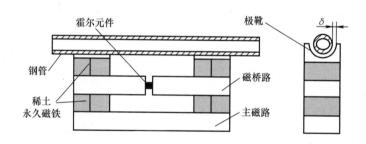

图 3-14　横截面积变化检测实验装置

实验中，稀土永久磁铁尺寸为 40mm（长）×20mm（宽）×10mm（高，磁化方向），霍尔元件采用 UGN3503，该元件为 5V 供电，在 100mT 内的灵敏度为 14V/T，主衔铁的尺寸为 160mm（长）×40mm（宽）×10mm（高），钢管的尺寸为外径 $\phi21$mm、内径 $\phi15$mm、长度为 300mm，极靴与钢管间的间隙为 1mm。采取增加或减少钢丝数量模拟金属横截面积变化，钢丝的规格为 $\phi1.8$mm。当加减一根钢丝时，被测的金属横截面积增减 2.54mm^2。

实验结果见表 3-2。根据所测量数据绘出图 3-15 所示的霍尔元件输出值与横截面积变化关系曲线。取其中一组数据进行拟合的横截面积变化 A_w 与元件输出值 U_H 之间的关系式为

$$U_H = 0.0151 A_w - 0.3953 + \Delta \qquad (3-33)$$

Δ 很小，由此可见，霍尔元件输出的信号幅值与钢丝绳横截面积变化呈线性关系，这就验证了前面的理论分析。

表 3-2　霍尔元件输出值　　　（单位：V）

面积/mm² ＼ 次数	1	2	3	4	5	6
169.54	2.15	2.15	2.15	2.16	2.16	2.15
172.08	2.19	2.20	2.19	2.20	2.20	2.19
174.62	2.23	2.24	2.23	2.24	2.24	2.24
177.16	2.27	2.28	2.27	2.28	2.28	2.28
179.70	2.31	2.32	2.31	2.32	2.32	2.32
182.24	2.35	2.36	2.35	2.36	2.36	2.36
184.78	2.40	2.40	2.39	2.40	2.40	2.40
187.32	2.43	2.44	2.43	2.44	2.44	2.44
189.86	2.47	2.47	2.47	2.47	2.47	2.48
192.40	2.51	2.51	2.51	2.51	2.51	2.51
194.94	2.54	2.55	2.54	2.55	2.55	2.55
197.48	2.58	2.58	2.58	2.58	2.58	2.59
200.02	2.62	2.62	2.62	2.62	2.62	2.62
202.56	2.65	2.66	2.65	2.65	2.66	2.66
205.10	2.69	2.69	2.68	2.68	2.69	2.69
207.74	2.72	2.72	2.72	2.72	2.73	2.73

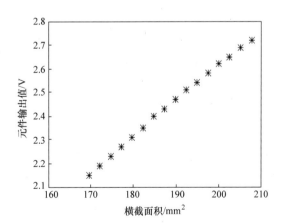

图 3-15　霍尔元件输出值与横截面积变化关系曲线

（2）轴向分辨力　轴向分辨力是评价检测探头分辨缺陷的一种能力，指沿绳轴向多长距离的横截面积变化能够精确地测量出来。它与检测探头的长度、面积变化产生的磁场分布等有关。

利用上面的实验装置，让检测探头沿钢管轴向运动，进行数据采集，分析传感器的轴向分辨精度。实验中，采用单根钢丝模拟金属横截面积变化，如图 3-16 所示。钢丝的直径为 7mm。这样，测量的最大金属横截面积 A_{max} 为 208mm^2，最小金属横截面积 A_{min} 为 169.54mm^2，减小的金属横截面积 ΔA 与最大金属横截面积 A_{max} 之比为 18.5%，即金属横截面积变化为 18.5%。通过改变钢丝间的间隔，模拟横截面积变化区的长度。实验中采集到的信号曲线见表 3-3。表中给出的横截面积损失值 $\Delta A\%$ 由采集的信号经计算得出。计算公式为

$$\Delta A\% = \left[(S_{H0} - S_{HT})/\partial^{(3)} \right]/A_{max} \times 100\% \qquad (3\text{-}34)$$

式中，S_{H0} 为钢丝间间隔为零时输出的信号值；S_{HT} 为钢丝间间隔不断增大后输出的信号值，取输出信号最小处连续的三个点求平均值；$\partial^{(3)}$ 为传感器灵敏度。

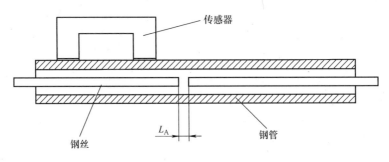

图 3-16　轴向检测精度实验装置

表 3-3　横截面积变化连续检测实验结果

L_A/mm	信号波形	横截面积损失 $\Delta A\%$
2		0
5		6.0%
10		6.4%
15		7.8%
20		8.5%
40		10.1%
60		11.5%
80		11.9%
100		12.0%

（续）

L_A/mm	信号波形	横截面积损失 ΔA%
120		13.4%
140		14.0%
160		14.5%
180		15.7%
200		16.3%
240		17.6%
320		18.5%
480		18.5%

　　表 3-3 中连续曲线是经过等空间采样获得的。采样间隔为 2.95mm，每次采集 440 个点，故每条曲线对应的测量长度为 1298mm。分析表明，当横截面积损失长度大于两倍传感器长度时，传感器可以精确地检测出横截面积损失；如允许 1% 的误差，则传感器的轴向分辨力为 1.5 倍的传感器长度。

　　为了进一步分析，给出典型的横截面积损失检测信号曲线，如图 3-17 所示。下面就根据图 3-17 所示的典型曲线进行定量分析。

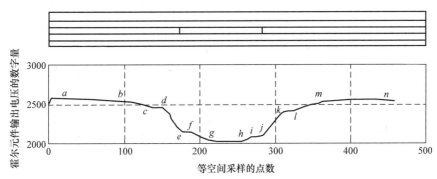

图 3-17　横截面积损失检测信号曲线

　　在图 3-17 中，横坐标表示等空间采样的点数，纵坐标为计算机采集到的霍尔元件输出电压的数字量。该曲线的各段特征解释如下：

ab 段：横截面积无变化，传感器输出信号变化很小。

bc 段：传感器进入由于横截面积损失形成的端部效应区域，信号输出减小。

cd 段：由于极靴的作用抵消了部分端部泄漏效应，在这一区域内信号输出保持不变，该区域长度等于极靴的轴向长度。

de 段：当传感器度过一段平稳区域后，接近横截面积损失区域，端部效应进一步增强，信号输出急剧变化，直到第一个极靴进入横截面积损失的区域。

ef 段：极靴进入横截面积损失区域后弥补端部效应，信号输出变化平稳。

fg 段：整个传感器开始进入横截面积损失区域。

gh 段：整个传感器进入横截面积损失区域，此时横截面积变化恒定，输出信号平稳，直到第一个极靴离开横截面积损失区域。

hn 段：传感器离开横截面积损失区域的过程与进入相反。

分析表明，检测到的横截面积损失区域的长度不是 *bk* 段的长度，而是 *ei* 段的长度。因此在轴向检测长度确定时，必须找出信号的两个平稳区域，计算其长度。由前面的模拟实验知道，当横截面积损失的长度很短时，传感器的信号幅值与横截面积损失面积之间的关系不确定。因此，当横截面积损失小于传感器轴向长度时，对其量化是十分困难的。从现场实际看，一般情况下，磨损、锈蚀是缓慢变化的，也就是说，横截面积损失的长度往往大于轴向分辨力，因而，是可以通过幅值标定对横截面积损失大小进行量化的。

另外，横截面积损失的检测实际上是测量磁路中磁场的绝对强度，钢丝绳上绳股之间的漏磁场以及断丝引起的漏磁场对检测结果都有很大影响，为此，必须在软件上采用平滑技术，减小漏磁场的影响。

磁桥路原理检测钢丝绳横截面积变化，实际上，是检测磁路中磁阻的变化，是一种体积效应。因此，对于轴向检测分辨力和横截面积检测灵敏度是关联的。钢丝绳总的金属横截面积越小，横截面积检测灵敏度越高。

（3）横截面积检测灵敏度　根据式（3-32），钢丝绳横截面积检测灵敏度为

$$\frac{\partial B_{\mathrm{b}}}{\partial S_{\mathrm{w}}} = \frac{B_{\mathrm{w}}}{S_{\mathrm{b}}} \tag{3-35}$$

由于钢丝绳中的磁感应强度为其饱和时的强度，横截面积检测灵敏度与测量衔铁的横截面积直接相关，即测量衔铁的横截面积越小，横截面积检测灵敏度越高。

霍尔元件的灵敏度为 K_{H}，单位为 V/T；A－D 转换器的精度为 K_{D}，单位为数字量/V。计算采样的数字量的横截面积检测灵敏度时，与 K_{H} 和数字量/V 无关。因而，对于采样位数

一定的 A – D 系统，减小 A – D 的量程，可以增大传感器的灵敏度；同样对于量程一定的 A – D 系统，增加转换器的位数也可以增大灵敏度。另一方面，霍尔元件的灵敏度越高，横截面积检测灵敏度越高，如 UGN3501 的灵敏度为 7V/T，UGN3503 的灵敏度为 14V/T，同样的磁感应强度输出的信号幅度是不一样的，计算机采集的数字量也是不一样的。

（4）横截面积损失检测量程　横截面积损失检测量程与霍尔元件的量程、测量衔铁的横截面积及被测钢丝绳的横截面积有关，如式（3-36）所示。

$$B_b = \frac{S_w B_w - B_m S_m}{S_b} \tag{3-36}$$

以 UGN3503 霍尔元件为例，该元件是 5V 供电，灵敏度为 14V/T，在 100mT 范围内为线性输出。当磁场为零时，元件输出 2.5V；当磁场以 N 极方向穿过元件时，元件的最大输出电压为 3.8V；当磁场以 S 极方向穿过元件时，元件的最小输出值为 1.2V。因此，在元件的线性测量范围 ΔB_{bmax} 内，钢丝绳的最大变化面积 ΔS_{wmax} 为

$$\Delta S_{wmax} = \frac{S_b \Delta B_{bmax}}{B_w} \tag{3-37}$$

钢丝绳中的磁感应强度在其饱和时在 0.7 ~ 1.0T 之间，因而，可以测量到的最大变化面积为测量衔铁的横截面积的十分之一左右。现场钢丝绳一般以横截面积变化 20% 为报废指标，设计时应适当选择测量衔铁的横截面积。另一方面，增加检测量程需以减小检测灵敏度为代价，这是一般测量传感器难以解决的矛盾。

（5）抗磁干扰能力　对于电磁无损探伤传感器，外界磁场干扰将直接影响检测信号。另外，传感器本身将被自身提供的磁场包围，但该磁场的作用范围并不仅仅限于传感器内部，而是扩散在一定的空间范围内，形成一个很大的空间范围（一般在传感器周围 2m 左右的范围内）。在该空间区域内，其他铁磁性物质或构件，如钢板、钢管、相邻钢丝绳等位置的变动将引起传感器磁场的变化，从而引起信号漂移。图 3-18 所示为铁磁性构件对钢丝绳检测的影响，从图中可以看出，铁磁性构件距起始位置大约为 0.25 ~ 0.65m，传感器经过这一区间时，信号增大。

因此，屏蔽外界磁场，保证铁磁性构件的相对位置不变，是增加传感器抗磁干扰能力的有效措施。另外，在传感器安装时必须注意传感器周围的铁磁性材料的影响，不能采取如图 3-19a 所示方式，因为这样做将使传感器中的磁力线形成短路，降低钢丝绳的磁化效果，影响检测性能，而应采取如图 3-19b 所示方式。

（6）传感器的结构　图 3-20 所示为基于磁桥回路测量原理的钢丝绳 LMA 测量传感器结构。传感器设计成剖分的开合结构，这与感应线圈检测方法相比，现场安装使用方便。最主

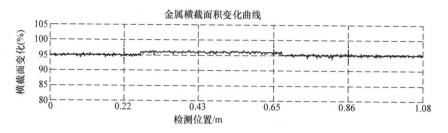

图 3-18　铁磁性构件对钢丝绳检测的影响

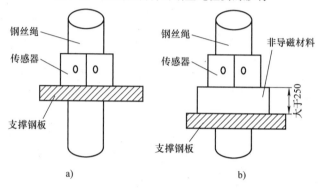

图 3-19　传感器安装形式

a）错误方式　b）正确方式

要的是，为了保证测量的灵敏度和量程范围，在主衔铁中增加了可调的导磁体，随被测钢丝绳的横截面积调整，保证磁桥回路的平衡。

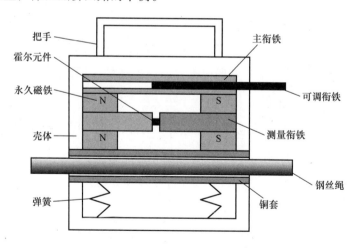

图 3-20　基于磁桥回路测量原理的钢丝绳 LMA 测量传感器结构

3.2　LMA 和 MA 测量的仿真计算

磁阻模型可以反映出电磁检测系统的内在规律，但是由于采用理想化假设，模型的计算误差很大；实验方法受加工手段限制，在螺旋结构上制作 LMA 非常困难，而且很难保证精度。下面利用 ANSYS 构造 MA 测量的有限元分析模型，研究 LMA 测量的一些本质特征，通过与钢管的比较分析，研究钢管试样标定的等效性问题。

3.2.1　钢绞线 LMA 测量的三维有限元分析

钢绞线是一种一次螺旋结构，与钢丝绳具有相似的结构特征，对钢绞线进行 LMA 的三维有限元磁场分析可以反映出复杂螺旋体的测量特性。此外，钢丝绳通常由数十根至数百根钢丝组成，在保证计算精度的前提下，模型的网格数量将非常庞大，结果往往超出 ANSYS 的计算范围。因此，用钢绞线替代钢丝绳，在高密度网格下进行计算，一方面可以提高计算精度，另一方面也不失螺旋结构的基本特征。

LMA 和 MA 测量系统的标定，采用等效钢管标样比较合适，因此，对比分析钢管 LMA 的测量非常必要。针对以上考虑，对钢绞线和钢管进行三维电磁场有限元分析，通过数据分析和比较，研究钢丝绳 LMA 电磁检测的根本特征以及钢绞线标样和钢管标样的检测等效性。钢绞线和钢管的横截面如图 3-21 所示，钢绞线和钢管的磁化特性曲线如图 2-15 所示。基于 ANSYS 提供的 APDL 进行建模和分析，在建模和分析过程中，主要进行以下考虑：

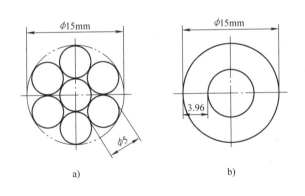

图 3-21　钢绞线和钢管的横截面

1）ANSYS 不提供生成复杂空间曲线和体的命令，根据其提供的命令无法直接生成螺旋钢丝。为此利用该软件提供的坐标系统转换命令采用如下方法进行钢绞线几何建模：①在笛卡儿坐标系生成两个关键点，两点的位置角相差 180°；②将笛卡儿坐标系（CSYS 0）转换为柱坐标系（CSYS 1），生成两点的连线，自然生成空间一次螺旋线；③对此曲线进行两次镜像操作（LSYMM），生成一倍捻距内完整的钢丝轴心的螺旋轨迹；④将工作平面旋转一倍捻角，在钢丝轴心的起点以钢丝半径为半径生成圆面；⑤将圆面沿钢丝轴线拖拉生成钢丝（VDRAG）；⑥在柱坐标系内复制钢丝完成钢绞线的几何建模（VGEN）。

2）由于线圈磁化均匀，而且可以通过改变其电流密度控制钢绞线的磁化强度，故采用线圈励磁。线圈产生的磁通由两端的极靴导入钢绞线，极靴的材料为工业纯铁，其相对磁导率设定为1000。

3）模型的外围空气大小对模型的精度有影响，但是太大的空气空间将加大分析的计算量，综合考虑后确定模型的外围空气尺寸为钢绞线直径的5倍，其形状中间为圆柱面，两端为半球面。

4）基于单元边的方法是3D静态磁场分析的常用方法，它可以克服不均匀介质求解时，用基于节点的连续矢势 A 计算时带来的误差。基于单元边的静态磁场分析一直只用 SOL-ID117 单元，其自由度是矢势 A 沿单元边的切向分量的积分。SOLID117 单元为 20 个节点的六面体，自由度为中间边节点处的磁矢势 AZ，角节点处的电标势为 VOLT。

5）在进行网格划分时，考虑到钢绞线的特征，对于钢丝，首先对横截面圆进行设定密度的面划分；然后用体扫掠（VSWEEP）的方式生成钢丝的体网格。其他实体采用 ANSYS 提供的 SMARTSIZE 方式划分，不同的部分采取不同的划分等级，钢丝附近空气的等级为3，其余部分为4。利用向线圈单元施加电流密度的方法构造磁化线圈，模型施加平行边界条件。

分析完成后，由于 ANSYS 未提供直接获取横截面磁通量的命令，所以采用以下方法提取分析数据，然后在 MATLAB 平台编写程序进行分析：首先将钢绞线沿其半径方向划分为40 等份，每份长度为 0.01875mm，沿圆周方向划分为 720 等份，每份角度为 0.5°；然后在测量横截面上沿径向定义 40 条圆形路径，并将分析数据映射到路径上，每条路径含有 720 个圆周方向的等分磁感应强度数据；最后通过 ANSYS 提供的 PDEF、PAGET 和 VOPER 三条命令将路径上的数据转换成表格数据，通过 ∗CFOPEN 和 ∗VWRITE 命令将数据以文本文件的格式保存到硬盘。最后通过 MATLAB 编写程序读取数据文件，进行数据分析。

3.2.2　钢绞线和钢管的磁化特性比较分析

钢丝绳的磁化是电磁检测系统的重要环节。与实体金属构件不同，钢丝绳的钢丝之间存在空气隙，其磁化特征与实体金属构件存在一定的差异。取 15mm 直径的钢绞线和等金属横截面积、外径为 15mm 的钢管作为研究对象，实验参数见表 3-4，对钢绞线的网格划分如图 3-22a 所示，对钢管的网格划分如图 3-22b 所示。

表 3-4　磁化特性分析参数

	外径/	丝径或壁厚值/	金属横截面积/	线圈安匝数（*IN*）
	mm	mm	mm²	
钢绞线	15	5	137.45	2000，4000，6000，8000，10000，12000，
钢管	15	3.96	137.45	14000，16000，18000，20000

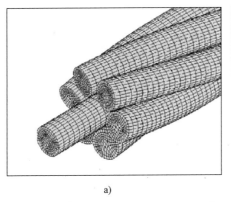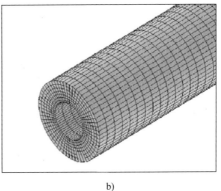

a)　　　　　　　　　　　　　　　　　　b)

图 3-22　磁化特性研究中的网格划分

对不同线圈安匝数下的测量横截面的主磁通进行分析，形成安匝数与主磁通的关系曲线如图 3-23 所示，图 3-23a 为钢绞线的关系曲线，图 3-23b 为钢管的关系曲线。从图 3-23 中可以看出，在相同的金属横截面积和材料磁化特性曲线下，钢绞线和钢管的主磁通特征具有相似性。表 3-5 为钢绞线和钢管的主磁通特性比较表，数据显示：钢管替代钢绞线制作 LMA 标样时，钢管与钢绞线的主磁通值相差在 5% 以内。

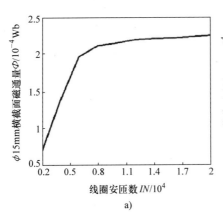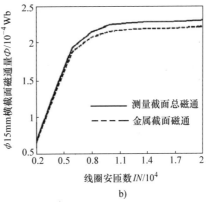

a)　　　　　　　　　　　　　　　　　　b)

图 3-23　励磁线圈安匝数与测量横截面主磁通关系曲线

表 3-5　钢绞线和钢管的主磁通特性比较表

线圈安匝数	2000	4000	6000	8000	10000
钢绞线主磁通($\times10^{-6}$)/Wb	69.67	138.45	196.56	208.65	211.8
钢管主磁通值($\times10^{-6}$)/Wb	66.79	133.01	193.83	214.73	219.11
差别率(%)	4.12	3.93	1.39	2.91	3.45
线圈安匝数	12000	14000	16000	18000	20000
钢绞线主磁通($\times10^{-6}$)/Wb	217.86	221.93	225.82	229.6	239.63
钢管主磁通值($\times10^{-6}$)/Wb	223.19	227.03	230.73	234.63	237.88
差别率(%)	2.45	2.30	2.17	2.19	0.73

　　测量横截面中的磁通由两部分组成,一部分为金属中通过的磁通,另一部分为空气中通过的磁通,而 LMA 测量关注的是金属中通过的磁通,下面首先分析磁场在金属中的分布,然后研究金属中的磁通与总磁通的关系。

　　提取钢管沿径向的磁感应强度,其沿钢管径向的变化如图 3-24 所示。图中的曲线显示,磁场在钢管的金属部分分布并不均匀,其变化规律为:首先自管外壁 a 处开始增强,在 b 点至 c 点之间的区域比较均匀,然后逐渐减弱至管内壁的 d 点,磁场在离开钢管金属后继续减弱至管内空气中的 e 点,此时磁场已经非常微弱,此后的 e 点至 f 点之间为管内空气的弱磁场区。图 3-23b 为测量横截面总磁通和金属横截面磁通的变化曲线,其中实线为测量横截面的总磁通,虚线为金属横截面的磁通,两者的数据比较见表 3-6,表中 ζ 为金属横截面磁通占总磁通的比例。表 3-6 中的数据显示,测量横截面中的磁通主要分布在金属中,其比例高于 95%,而且所占比例稳定,因此,在一定的允许误差下,测量横截面中的主磁通近似等于金属横截面的磁通。

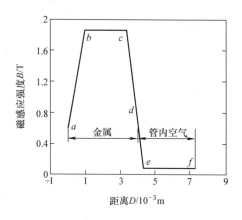

图 3-24　磁感应强度沿钢管径向的变化

钢绞线和钢管在结构方面的主要差异是：钢绞线横截面的空气是分散的，而钢管的空气是集中的。这种状况将对金属部分的磁化造成影响，下面构造实验模型分析其影响。

表 3-6　金属横截面磁通占钢管总磁通的比例

安匝数	2000	4000	6000	8000	10000
ζ	0.9609	0.9609	0.9609	0.9609	0.9609
安匝数	12000	14000	16000	18000	20000
ζ	0.9609	0.9609	0.9609	0.9609	0.9609

提取钢绞线中心钢丝和钢管壁厚中部区域的磁感应强度数据，形成如图 3-25 所示的关系曲线，图 a 为钢绞线的关系曲线，图 b 为钢管的关系曲线。表 3-7 为数据分析表，数据表明：两者的相似性在 90% 以上。

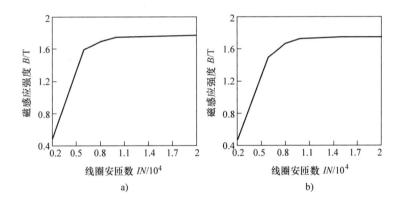

图 3-25　磁感应强度与线圈安匝数的关系曲线

表 3-7　钢绞线和钢管的磁化特性比较表

线圈安匝数	2000	4000	6000	8000	10000
钢绞线磁感应强度/T	0.4730	1.0672	1.597	1.694	1.7507
钢管磁感应强度/T	0.456	1.008	1.513	1.676	1.7439
差别率(%)	3.51	5.56	5.24	1.08	0.39
线圈安匝数	12000	14000	16000	18000	20000
钢绞线磁感应强度/T	1.7543	1.7604	1.7639	1.7647	1.7636
钢管磁感应强度/T	1.7481	1.7544	1.758	1.758	1.759
差别率(%)	0.35	0.34	0.34	0.38	0.26

3.2.3　钢绞线和钢管测量特性比较

在励磁安匝数为 14000 的磁化饱和时，重点分析钢绞线和钢管横截面积变化的敏感性和规律。对钢绞线单根钢丝横截面积磨损 10%、20%、30%、40%、50%、60%、70%、80%、90%（相对于总横截面积的磨损量为 1.43%、2.86%、4.29%、5.71%、7.14%、8.57%、10%、11.42%、12.86%）时和钢管等量损耗的主磁通进行计算，提取主磁通信息。

对钢绞线的网格划分如图 3-26a 所示，对钢管的网格划分如图 3-26b 所示。图 3-27 所示为磨损量与主磁通的关系曲线，其中，图 3-27a 为钢绞线的关系曲线，图 3-27b 为钢管的关系曲线。对数据中的中间 7 点用最小二乘法进行一次拟合，表 3-8、表 3-9 为数据对照表。

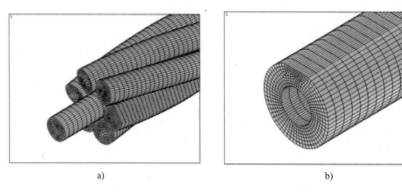

a)   b)

图 3-26　电磁检测特性研究中的网格划分

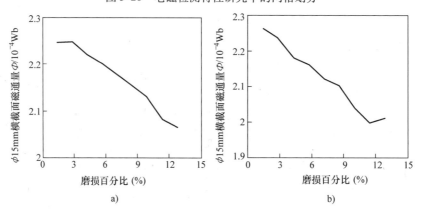

a)   b)

图 3-27　磨损量与主磁通的关系曲线

表 3-8　钢绞线测量的线性度分析

磨损比(%)	2.86	4.29	5.71	7.14	8.57	10	11.42
测量值($\times 10^{-8}$)	22470	22188	22009	21767	21554	21288	20826
估计值($\times 10^{-8}$)	22499	22242	21986	21729	21472	21215	20959
$p(\%)$	−0.13	−0.24	0.10	0.17	0.38	0.34	−0.64
$t(\%)$	−11.5	−20.9	8.5	14.8	32.0	28.5	−52.0
平均残差(%)	(11.5 + 20.9 + 8.5 + 14.8 + 32 + 28.5 + 52)/7 = 24.03						

表 3-9　钢管测量的线性度分析

磨损比（%）	2.86	4.29	5.71	7.14	8.57	10	11.42
测量值（$\times 10^{-8}$）	21857	21302	21221	20719	20525	20152	19477
估计值（$\times 10^{-8}$）	21836	21474	21114	20751	20388	20025	19665
p（%）	0.09	-0.81	0.51	-0.15	0.67	0.63	-1.00
t（%）	5.69	-47.4	29.7	-8.8	37.8	35.0	-52.0
平均残差（%）	\multicolumn{7}{l}{$(5.69 + 47.4 + 29.7 + 8.8 + 37.8 + 35 + 52)/7 = 30.9$}

在表 3-8 中

$$p = \frac{\Phi_{\text{wire}} - \Phi_{\text{pipe}}}{\Phi_{\text{wire}}} \tag{3-38}$$

式中，Φ_{wire} 为钢绞线中的磁通；Φ_{pipe} 为钢管中的磁通。

$$t = \frac{\Phi_{\text{wire}} - \Phi_{\text{pipe}}}{\bar{\Phi}_{\text{line}}} \tag{3-39}$$

式中，$\bar{\Phi}_{\text{line}}$ 为一次线性拟合后对应的单位磨损所对应的磁通变化量。

表 3-8、表 3-9 中的数据显示，钢绞线检测的线性程度要明显好于钢管，两者具有一定的相似性，因此，在标定时，用钢管试样替代钢绞线试样是可行的。

由于磁场的非线性特征，缺陷的分布对检测会产生一定的影响。钢绞线和钢管在对缺陷分布的敏感性方面存在差异，这种差异在用钢管替代钢绞线时不可忽略。下面构造模型并比较分析钢绞线和钢管在缺陷分布敏感性方面的差异。

分析中，以磨损至单根钢丝横截面的 60%，即钢绞线总横截面磨损量的 8.57% 为对象，钢绞线标样配置如图 3-28 所示，钢管标样配置如图 3-29 所示，对应的网格划分如图 3-30 所示。计算获得的磨损区分布与主磁通的关系曲线如图 3-31 所示。钢绞线和钢管的磨损分布对主磁通影响的数据比较见表 3-10，表中 t 采用式（3-39）的定义。

表 3-10 中的数据表明：在饱和磁化下，钢绞线的磨损区分布对主磁通产生一定的影响，但是影响的程度不大，钢管的磨损区分布对主磁通的影响较大。在评估对分布 LMA 的检测能力时，不能用钢管标样代替钢绞线标样。

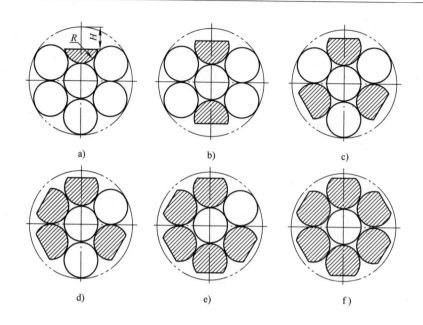

图 3-28　钢绞线标样配置

a) $H/R = 1.158$　b) $H/R = 0.682$　c) $H/R = 0.508$　d) $H/R = 0.415$　e) $H/R = 0.355$　f) $H/R = 0.313$

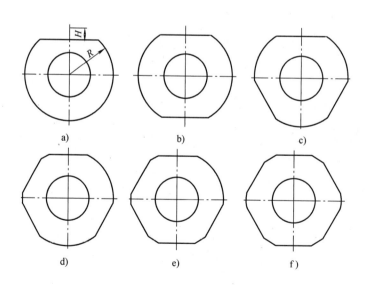

图 3-29　钢管标样配置

a) $H/R = 0.237$　b) $H/R = 0.148$　c) $H/R = 0.112$　d) $H/R = 0.093$　e) $H/R = 0.08$　f) $H/R = 0.07$

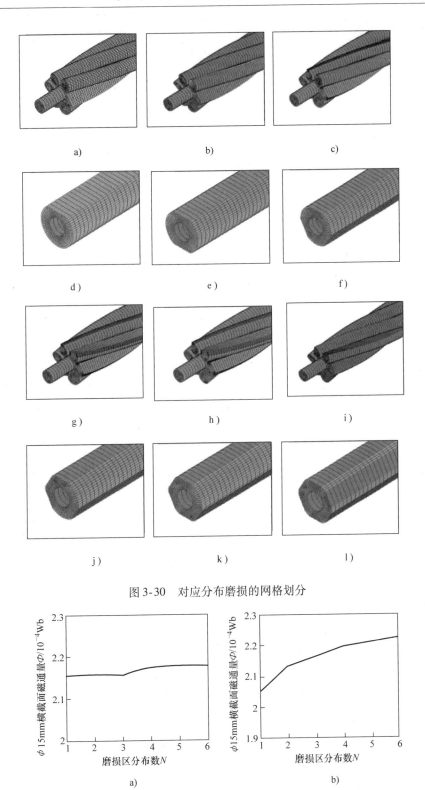

图 3-30 对应分布磨损的网格划分

图 3-31 磨损区分布与主磁通的关系曲线

表 3-10　　钢绞线和钢管的磨损分布对主磁通影响的数据比较

		一处磨损	二处磨损	三处磨损	四处磨损	五处磨损	六处磨损
t	钢绞线	0	0.097	0.027	1.49	1.65	0.84
	钢管	0	2.24	3.32	3.98	4.72	4.78

3.3　LMA 和 MA 测量的标定方法

在 LMA 和 MA 的测量中，螺旋结构体与钢管具有相似性，但在分布磨损的敏感性方面两者存在差异。

仪器的测量分辨率是标示仪器性能的重要技术指标，指仪器所能测量的被测量的最小增量。分辨率的度量在不同的领域有不同的定义。对于钢丝绳 LMA 的电磁无损检测而言，其分辨率主要指在允许的检测误差范围内所能可靠测量的被测量的最小增量。

钢丝绳电磁无损检测对 LMA 的分辨率需要通过标准试样来评定。由于钢丝绳的结构特殊性，LMA 的制作非常困难，在利用实体试样评定的前提下，试样的最小 LMA 只能精确到丝，因此评估的分辨率只能精确到丝的面积，而且 LMA 只能以丝为间隔。根据前一节的研究结论，钢管与钢丝绳的电磁检测特性具有相似性，因此用钢管替代钢丝绳作为评估试样进行评估具有一定的有效性。

可以采用两种试样进行检测分辨率的评定。

其一为确定 LMA 集的检测分辨率评定。测试中按照图 3-26a 的形式制作钢管 LMA，其缺陷集合可以表示为

$$C = \{\zeta_i : \zeta_i = \zeta_0 + (n-1)\zeta_\delta\} \tag{3-40}$$

式中，ζ_i 为磨损量与总横截面积的磨损比；ζ_δ 为 LMA 集的磨损比间隔。

根据式（3-40）的 LMA 集获得的检测分辨率为 ζ_δ 的整数倍，根据 ζ_δ 可以对试样进行分级，根据测试结果可以对仪器的分辨率进行分级。

其二为在钢管内插入一系列不同直径的钢丝，使钢丝和钢管的金属横截面积等于仪器的标称检测钢丝绳直径的横截面积。按照不同的磨损比间隔设计测试过程，抽出不同的钢丝，组成不同级别的 LMA，当一种级别的检测分辨率被确定时，缩小磨损比间隔继续测试，直到磨损比间隔达到最小的钢丝为止。

量化检测精度可以用有效检测范围不同 LMA 点的精度来描述，评估时用正确度和精密度来描述。

正确度指仪器实际测量对理想测量的符合程度，是系统误差大小的反映。针对钢丝绳 LMA 检测的特征，用相对误差描述，即

$$\varepsilon = \frac{\hat{\zeta} - \zeta_{\text{true}}}{\zeta_{\text{true}}} \tag{3-41}$$

式中，ε 为测量的相对误差；$\hat{\zeta}$ 为测量结果的估计值；ζ_{true} 为试样测量点处的磨损比的真实值。

精密度指测量结果中随机误差的分散程度。即在一定的条件下进行多次测量时，所得测量结果彼此之间的符合程度。精密度是随机误差的反映，用测量值统计特征的 2σ 描述，此时，测量值落在 $[\mu - 2\sigma,\ \mu + 2\sigma]$ 的概率为 0.9545。

根据评定结果可以形成 LMA 检测有效测量区的误差曲线。

量化评估标样按照式（3-40）所示的方式配置 LMA。

对 LMA 测量原理的分析是钢丝绳无损检测方法评估和试样配置的基础。目前所使用的电磁无损检测方法各有优缺点：实体实验方法的优点是可以获得最直接的现实结果，缺点是无法在螺旋结构体上制作 LMA；基于有限元技术的计算机仿真的优点是可以真实地再现磁场，特别是材料内部的真实状况，可以方便地改变各种实验参数，特别是对于钢丝绳这种螺旋结构体，只有它可以构造各种状况的 LMA 缺陷，它的缺点是计算精度受到算法等因素的影响，计算结果与实体实验有一定的差距，有限元方法是介于实体实验和磁阻模型之间的一种方法。

通过构造有限元模型对钢绞线和钢管的 LMA 检测特性进行对比分析。励磁实验表明：两者的磁化特性类似，测量横截面的主磁通大部分从金属中通过，而且金属中所占比例大致恒定，金属内部的磁场并非均匀，只是在中间存在一段均匀区域。LMA 变化实验表明：两者存在相似性，仅存在细小的差异。分布磨损实验表明：磨损的分布对钢管的影响远远大于钢绞线。

LMA 检测评估主要包括检测分辨率和量化检测精度评估。检测分辨率通过钢管标样评定，试样的配置有两种方法，试样的 LMA 间隔决定标样的等级，评定的分辨率结果决定仪器的分辨率检测等级。量化检测精度评估通过钢丝绳标样或钢管标样评定，评定的结果构成仪器有效测量区的误差曲线。

综上所述，钢丝绳 LMA 的检测其实是一个测量问题，相比于检测，简单的一面是结果直观，复杂的一面在于测量系统的标定以及测量数据与实际状态的对应，这些均是应用中需要进一步探索的问题。

第4章　手持式钢丝绳检测仪器及应用

手持式钢丝绳无损检测仪器的形式多种多样，为满足轻便化的要求，一般采用永久磁铁磁化方法。

手持式钢丝绳无损检测仪器适合于钢丝绳的定期检测，在港口起重机、金属矿山、旅游索道等场合得到了广泛且成功的应用。随着计算机技术的发展，计算机辅助钢丝绳检测仪器成为多种多样检测仪中比较优秀的一类。本章主要介绍这类仪器的结构与应用。

4.1　手持式钢丝绳检测仪器结构

当今钢丝绳检测仪器一般均带有两项功能，即以漏磁场检测方法为主的 LF 类缺陷检测功能和以磁通检测方法为主的 LMA 类缺陷检测功能，它们分别用两个独立的信号通道处理和显示。采用更多通道显示 LF 类缺陷的方法有研究采用过，虽然有利于断丝根数的定量化，但信号处理和判别复杂，因而，目前绝大部分仪器采用单通道来处理 LF 类缺陷。

最简单的处理钢丝绳检测仪器的电信号方法是在示波器上显示出来的，进一步地，采用笔式记录仪或磁带记录仪记录。早期的钢丝绳检测仪，如 Magnograph 和 LMA 系列探伤仪，都采用了笔式记录仪来记录信号。到了 20 世纪 80 年代，检测仪器的计算机化和可视化成为一种发展趋势。20 世纪 80 年代末，美国测试和材料协会开始进行电磁式钢丝绳检测仪器的标准化工作，并于 1993 年制定了"铁磁性钢丝绳电磁无损检测 E1571"标准（Electromagnetic Examination of Ferromagnetic Steel Wire Rope E1571）之后，随着无损检测技术的发展，该标准的内容不断完善，先后经历过 1994 年、1996 年两次修订。这标志着此类检测方法已被认可，并逐步走向规范和推广应用。

钢丝绳断丝的检测传感器结构原理如图 4-1 所示，采用单个穿过式线圈（图 a）、双列穿过式线圈（图 b）、剖分式线圈（图 c）或者霍尔元件阵列在绳的周向无漏地探测漏磁场，得到检测信号如图 4-2 所示。

图 4-3 所示为三类典型的断丝断口：拉开一段距离的、挨得很近的和一边缺失的断口。不同的断丝断口状态将会反映出不同的信号波形。所以，日本曾有一位钢丝绳检测专家藤中

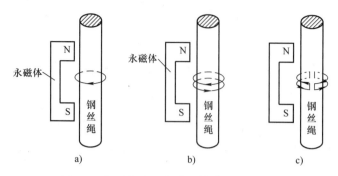

图4-1　钢丝绳断丝的检测传感器结构原理

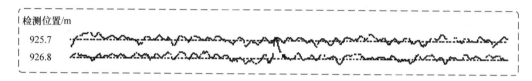

图4-2　钢丝绳断丝漏磁检测信号

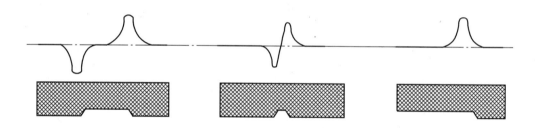

图4-3　不同的断丝断口及漏磁检测信号波形

雄三说过："钢丝绳断丝的定量检测，如果不是不可能，那也是非常困难的！"为什么呢？将钢丝绳断丝断口建立磁荷分析模型，可以计算出不同断口间隙、不同丝径和不同检测提离值时的断口漏磁场分量（轴向和径向）的大小和分布，计算结果如图4-4所示。可以看出，仅从信号幅度上去量化断丝的数量是很难准确计数的。图4-5为实际检测信号，工程中被检测到的钢丝绳断丝断口形状各式各样，由它们产生的漏磁场也很不一样。

　　基于永磁磁化的磁通检测方法一般采用间接测量方法。如图4-6所示的结构原理中，实际能使用的是图b，且用霍尔元件阵列测量要比检测线圈积分测量来得可靠。图4-7所示为实际的测量信号。

　　华中科技大学（原华中理工大学）研制的 EMT－B 型钢丝绳检测仪的结构原理如图4-8a所示，其外形如图4-8b 所示。它已简洁到仅有检测传感器 A 和笔记本计算机 B 两大部分。在 EMT－B 系列钢丝绳检测传感器设计中，漏磁场和磁通的测量均采用霍尔元件阵列，在 LMA 测量中采用直流处理电路，在 LF 检测中采用交流处理电路，检测信号的 A－D

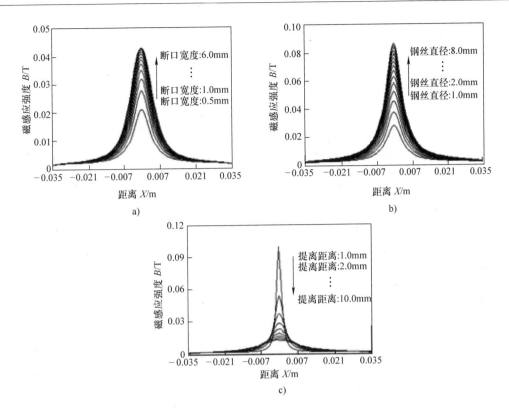

图 4-4 断口漏磁场变化

a) 不同断口宽度时的漏磁场幅度变化 b) 不同丝径时的漏磁场幅度变化 c) 不同提离距离时的漏磁场幅度变化

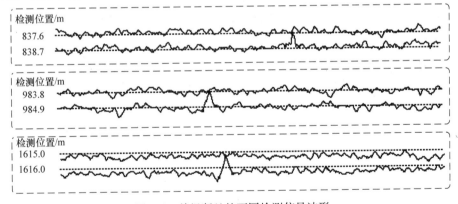

图 4-5 单根断丝的不同检测信号波形

转换随计算机的发展分别采用过基于串口、并口和 USB 的采集技术。图 4-9 给出了美国 LMA - 250 系列的钢丝绳检测仪器组成，相比较 EMT - B 系列在检测仪器结构上进行了充分的简化，所有电路均小型化到检测传感器中，其供电由计算机 USB 提供，因此，一根导线与计算机的接口连接就能完成所有检测功能。

EMT - B 型钢丝绳检测仪有如下主要特点：①静磁场无损检测，不受油污等影响；②计算机辅助检测，汉化交互式操作方便；③准确测量钢丝绳运行位置；④精确定量评价内外断

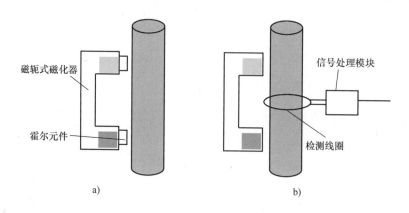

图 4-6 磁通测量 LMA 结构

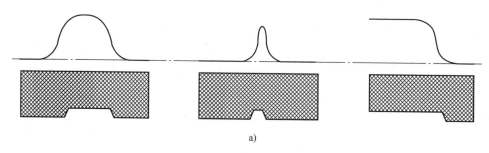

a)

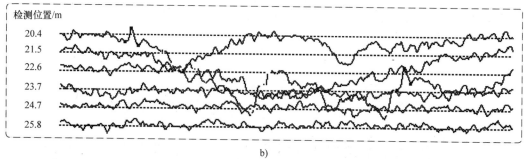

b)

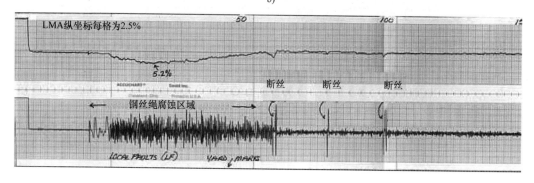

c)

图 4-7 磁通测量信号

a）横截面积变化的磁场分布 b）横截面积变化的检测信号 c）LMA 测量

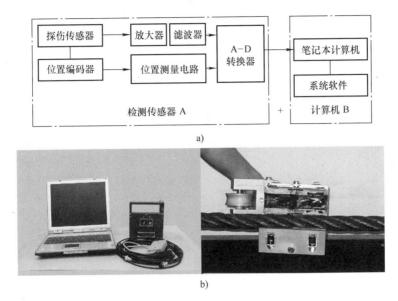

a)

b)

图 4-8 EMT – B 型钢丝绳检测仪结构原理和配置

a) 结构原理 b) 外形

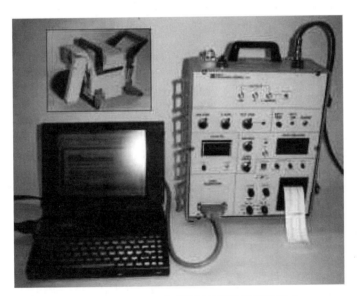

图 4-9 LMA – 250 系列的钢丝绳检测仪器组成

丝根数;⑤稳定测量钢丝绳金属横截面积变化;⑥大容量数据存储,一次最大检测绳长 1000m 以上;⑦数据显示和打印直观。

EMT – B 型钢丝绳检测仪主要技术指标如下:

1) 检测速度:0 ~ 3m/s。

2) 位置精度:0.3m/100m。

3) 断丝根数定量判别准确率:

　　>70%，单处集中断丝无误判时；

　　>95%，单处集中断丝有一根误判时；

　　>90%，一个捻距内断丝有一根误判时。

4）金属横截面积测量精度：±0.5%。

5）传感器质量：2.0（电梯钢丝绳检测用）~4.0kg（φ40mm 钢丝绳检测用）。

6）计算机和信号采集处理器最小质量：1.5kg（带电池）。

根据不同规格，配置的检测传感器如图 4-10 所示。

　　　　　　　a)　　　　　　　　　　　　　　　　　b)

　　　　　　　c)　　　　　　　　　　　　　　　　　d)

图 4-10　EMT 系列钢丝绳检测传感器

a）φ13~φ16mm 电梯钢丝绳专用薄传感器（单回路磁化）　b）φ20~φ30mm 钢丝绳传感器（单回路磁化）

c）φ30~φ40mm 钢丝绳传感器（多回路磁化）　d）φ13~φ16mm 电梯钢丝绳专用 4 绳同测传感器（单边磁化）

4.2　检测传感器安装位置选择

检测时应选择钢丝绳摆动最小的位置安装传感器和位置测量编码器，并用软连接将它们浮动固定，或者操作者手持。钢丝绳通过传感器的部分才能被检测到，因此，在一个测量点进行测量存在死区时，应选择多点测量。在检测过程中，探伤传感器的安装十分重要，从确保检测的性能来看，安装要具有一定的柔性，避免钢丝绳在探头中晃动；从检测安全性来讲，又要求安装牢固可靠。

对于竖井提升钢丝绳，检测的位置可选择在钢丝绳的出绳口、井口和天轮平台上；对于斜井绞车钢丝绳，检测的位置可选择在钢丝绳的出绳口（由于卷筒缠绕钢丝绳位置变动，此时，钢丝绳存在横向摆动）、天轮平台上和斜坡道的合适位置。需要注意的是，检测位置要有一定的操作空间，保证人员和设备的安全，尤其在井口操作时，检测人员必须系上安全带。

人工定期检测时，检测传感器典型安装位置如图 4-11 所示。可以发现，这种检测方式钢丝绳运行的速度不能太快，一般以不大于 3m/s 的检测速度进行。

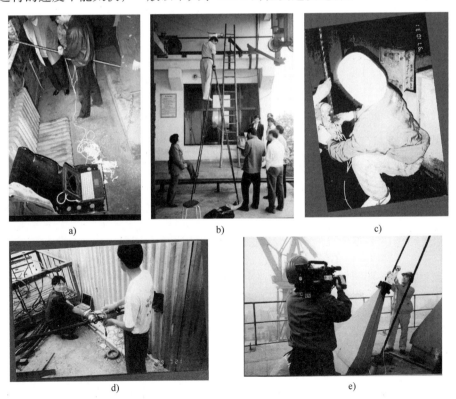

图 4-11　检测传感器典型安装位置

a）卷筒出绳口　b）水平轮出绳口　c）天轮下部　d）地轮上部　e）卷筒上部

f)

图 4-11　检测传感器典型安装位置（续）

f) 检测移动小车上

4.3　检测软件设计

检测传感器输出的多信道检测信号，经空间域等时间采样后，就构成了数字信号。软件系统实现信号的分析、显示、判别。良好的人机交互是分析处理软件必需的，图 4-12 给出软件的主程序流程图。

设计的检测软件界面如图 4-13 所示，其由六个部分组成。主要功能设计介绍如下。

1. 参数设置

不同规格和结构的钢丝绳必须采用不同的参数组。参数量值大小的设置将在检测参数的标定中论述。

设置参数（图 4-14）定义如下：

钢丝绳直径——被测钢丝绳的公称直径，单位为 mm。

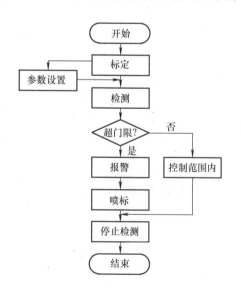

图 4-12　软件的主程序流程图

金属横截面积——被测钢丝绳新绳时的钢丝横截面积的总和，单位为 mm^2。可以在钢丝绳的使用手册中查到，或者根据钢丝绳的结构计算获得。必须注意，直径相同而结构形式不同的钢丝绳，其金属横截面积总和是不同的。因此，相同直径不同结构的钢丝绳需要建立两组不同的参数。金属横截面积的大小是计算金属横截面积损耗率（增大或减小）的依据，必须正确输入。

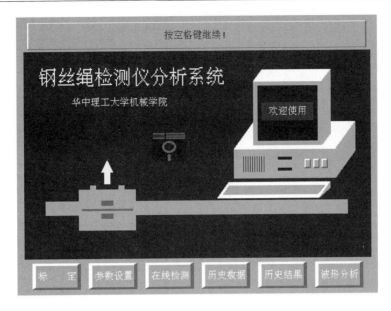

图 4-13　检测软件界面

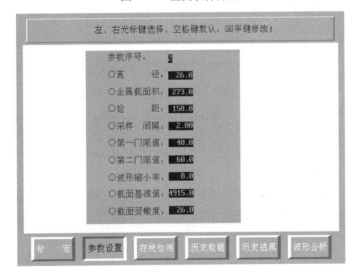

图 4-14　参数输入界面[○]

捻距——被测钢丝绳的单位捻距长度，单位为 mm。该参数是软件自动扫描和累计捻距内的断丝数总和的依据。当钢丝绳的报废标准不是以捻距内断丝数计算时，可按要求输入规定长度。

采样间隔——位置测量装置在钢丝绳上滚动，光电编码器发出一个脉冲时，导轮滚过的行程，单位为 mm。它由滚轮的直径、光电编码器的分辨力决定。在每台位置测量装置上均

○　图中"截面"即为文中的"横截面"。

打印上了该装置的采样间隔大小，参数设置时可对照进行。

当导轮运动打滑时，会带来累计误差。根据深度指示器的长度和检测记录的总长，适当增加采样间隔的大小可减小长距离测量时的累计误差。

第一门限值——获取断丝引起的异常信号时设置的阈值（D1），由仪器的标定确定。

第二门限值——判定断丝根数而设定的参数，由仪器的标定确定。

波形缩小率——在断丝判别时用于缩小检测信号波形幅度的比例，其值大于 1 才有意义；越大，显示的信号波形幅度越小。不同规格的钢丝绳检测时，调整此值使屏幕显示的波形清晰明了。

横截面基准值——新钢丝绳检测时，软件测量得到的 LMA0 值，即金属横截面积为新钢丝绳时对应的 LMA0 值。该值的确定如参数标定中所述。

横截面灵敏度——单位平方毫米的金属横截面对应的检测信号值的变化量，由传感器的标定决定。其量值大小随传感器和被检测的钢丝绳变化，有正有负。当金属横截面积增大，检测信号值也增大时为正；反之为负。

输入 10 个参数后，系统将自动保存或修改这些参数，以备参数设置时使用。检测的参数在系统配置文件 LMA. LIB 中。

2. 在线检测

输入该次检测的数据文件名（六个字符内，文件的后缀将自动设为 . SHJ），按任意键后开始检测，如图 4-15 所示。检测过程中屏幕上用光条指示检测运行的长度，结束检测时只需再按任意键，系统即停止数据的采集，进行数据的存盘，随后进行数据的分析和识别、显示和打印。处理的过程如下述历史数据的处理。

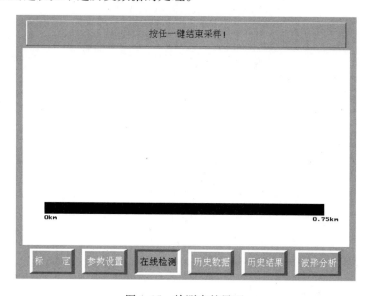

图 4-15　检测中的界面

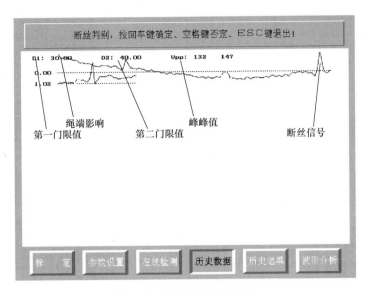

图 4-16　断丝检测信号处理

3. 历史数据

输入检测的数据文件名（不加后缀），系统读入数据进行处理，屏幕显示如图 4-16 所示。屏幕的左上方显示本次检测第一门限值（D1）和第二门限值（D2），随后用三个点标出局部异常信号的前峰峰值和后峰峰值，由操作人员确定是否为断丝信号，按回车键确定，按空格键否定，按照提示操作完成，随后显示检测的结果，如图 4-17 所示。

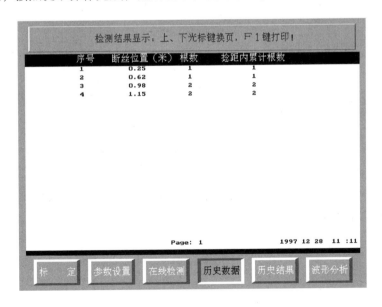

图 4-17　断丝检测结果显示

屏幕将按每页 20 行的方式显示检测的结果。按上下光标键换页，最后显示危险位置和断丝状况，如图 4-18 所示。每页显示中按 F1 键，检测的结果将按屏幕显示的形式打印。打印按页进行，显示一页打印一页。

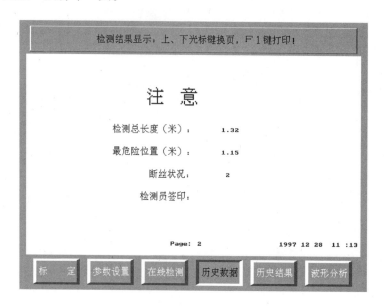

检测结果显示：上、下光标键换页，F1键打印！

注　意

检测总长度（米）：	1.32
最危险位置（米）：	1.15
断丝状况：	2
检测员签印：	

Page：2　　　　　1997 12 28　11：13

标　定	参数设置	在线检测	历史数据	历史结果	波形分析

图4-18　断丝检测结果汇总

4. 历史结果

输入检测的结果数据文件名（不加后缀，默认后缀为 .JG），系统读入并直接显示断丝检测的结果。屏显如图4-18所示。需要注意的是，当在"历史数据"功能中进行断丝判别时，为避免处理的结果与"在线检测"中的结果文件冲突，处理的结果数据将以后缀为 .BAK 的文件存盘。因此，在"历史结果"中要读该数据时，必须将文件名改为以 .JG 为后缀的文件。

5. 波形分析

屏幕按一屏16行［一行的长度对应着$512 \times$采样间隔（mm）的绳长］显示整个检测的信号。按上、下光标键换页，F1 键打印。图4-19所示屏幕的左上方显示了 LMA0 值，它为本次检测的首行检测信号的平均值；屏幕正上方显示了当前页和总的页数；屏幕的右上方给出了当前的时间；屏幕左边显示的是每行检测信号的起始位置，单位为 m；屏幕右边显示的是该行信号中横截面积变化量最大处的相对变化量，正为横截面积增大，负为横截面积减小。横截面积相对变化量的计算公式如下：

$$\mathrm{LMA\%} = \frac{（检测信号值 - 新钢丝绳测量信号值）\times 截面灵敏度}{新钢丝绳的金属横截面积} \times 100\% \qquad (4-1)$$

钢丝绳某一局部的金属横截面积变化大小由波形显示得到。当每行检测的信号曲线与基准线（虚线）重合时，该位置的钢丝绳横截面积与新钢丝绳的金属横截面积相同（或与起

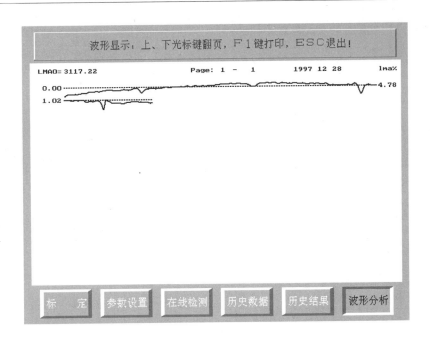

图 4-19　LMA 测量波形显示

始测量处的横截面积相同）；偏离基准线时表明该位置的钢丝绳横截面积相对于新钢丝绳的金属横截面积或起始测量处的横截面积有增减。每两根基准线间对应的相对变化率为 10 %。图中局部突然变化的信号为断丝信号，它所对应的断丝根数由断丝定量检测结果显示，在波形图形中，与横截面积的变化没有明显的对应关系。为了便于检测数据的比较，对于同一根钢丝绳的定期检测，最好从同一检测起始点进行。

按照上述软件设计，现场检测过程如下：

1）安装和固定检测传感器。

2）连接导线。

3）打开计算机电源并进入检测程序。

4）钢丝绳运动，开始检测信号采集。

5）检测信号采集结束，分析处理，获得检测结果。

4.4　检测参数的标定

4.4.1　断丝根数判别参数 D1 和 D2 的确定

检测软件对断丝的判别按下述过程进行。首先，在几百米的检测信号中寻找局部异常信号（通常由断丝产生）；在找到断口产生的信号后，对该位置断根丝数通过软件计算得到，从而获得断丝的位置和断丝的根数。对钢丝绳断丝位置的确定精确到一个股间距，沿绳的轴向一个股间距外的不同断丝将判为不同的断丝位置，即断丝的位置分辨力为一个股间距长。从信号处理方法来讲，完成上述操作采用设置门限（或阈值）的方法实现。当检测的信号中有超过门限的局部信号时，则认为是断丝信号，这一门限就称为第一门限值（D1）。第二门限值则用于对某一处超过第一门限的信号进行定量判别。根据标定条件的不同，可采用两种标定方式：离线标定和在线标定。

1. D1、D2 的离线标定

取一根与被测钢丝绳结构和规格一样的约 2m 长的新绳或旧绳作为实验件并模拟标准断丝，一般在几处分别模拟一根、两根和三根集中断丝，用仪器进行检测实验。将这根钢丝绳支起并张紧，如图 4-20 所示。

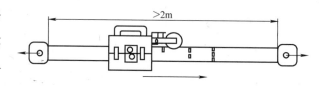

图 4-20 标定钢丝绳的安装

安装检测传感器，在"标定"功能中设置已知的钢丝绳参数，如直径、金属横截面积、捻距、采样间隔、波形缩小率（可暂设为 1）。将第一门限值和第二门限值设置为一较小的值，如 10，其他参数可设为一非零值。在"参数设置"功能中选定该参数序号。进入"在线检测"功能，拉动传感器走过模拟的断丝位置（可来回运动），结束检测。屏幕显示检测的信号波形。当第一门限值较大时，断丝对应的信号区将不能被指示，此时应回到标定功能中将第一门限值改小，然后进入"历史数据"功能，输入此次检测的数据文件名，进入断丝的识别，再按下述操作。

断丝的识别过程中，软件对每一个峰峰值信号进行比较，当它超过第一门限值时，将用三个点标注。如不是断丝对应的信号，按空格键放弃，软件接着找到下一个超过第一门限值的峰点，继续操作，直到标注点在一根断丝对的信号上。观察屏幕上方的一组数值，其中，D1 为标定中设置的第一门限值，D2 为设置的第二门限值，VPP 后的两个数值分别为峰点与前后谷点间信号值的差值。将第一门限值设置在两峰谷差值中最大者的 50% ~ 80% 内。当第一门限值过小时，非断丝信号将被标注，此时观察屏幕上方的数值可发现断丝信号和背景信号间的幅值变化，从而合适地设置第一门限值。由于集中断 2 根、3 根或更多根钢丝时对应的信号幅值比断 1 根钢丝的要大，因此第一门限值的设置主要对单根断丝进行。

第一门限值设定后，在"历史数据"功能中进行断丝的判别，对标注的峰峰值信号按回车键确定，操作完成后，观察检测结果显示，调整第二门限值（通常在第一门限值附近），使检测的结果与实际断丝数相近。重复进行参数设置和检测实验获得最佳的数值。

第一门限值是断丝识别的定性参数，即判断断丝的有无，它的值过小可能出现多判；过大又可能出现漏检。第二门限值是判断每一处集中断丝根数的参数，它的大小主要由钢丝绳中单根钢丝直径大小决定，它的值太大，断丝的根数将少判；太小，断丝的根数会多判。对于由多种规格的钢丝组成的钢丝绳，断丝定量判别时就必须适当选择第二门限值的大小，从而给出合理的可比较的定量化结果。当钢丝绳锈蚀严重时，锈蚀坑点也将产生较大的局部异常信号，因而有可能被识别为断丝信号。

2. D1、D2 的在线标定

对于已存在断丝的在役钢丝绳，找到断丝的位置，将传感器安装上后，移动传感器检测到一组信号，然后如上所述进行操作，找出第一门限值。

将第二门限值设置为第一门限值大小，做全程检测，如判别有 2 根或更多根断丝的位置时，再找到该位置，对第二门限值进行测定。

4.4.2　横截面灵敏度的确定

1. 在线测定

将传感器安装于在役钢丝绳上，选择对应的参数序号，进入"在线检测"功能，让传感器不动，只转动位置测量装置的导轮 6 圈以上（相当于传感器走过 1m 以上），结束检测，完成断丝的判别后，进入"波形分析"功能，此时屏幕上可能只有基准线（虚线）而无信号波形，这主要是横截面积基准设置不当造成的，这无关紧要，只要注意屏幕左上方的LMA0 值，将它记为 MA_{ROPE}；打开传感器在其中夹一根材料与钢丝绳相近的钢丝，如图 4-21 所示，设钢丝的横截面积为 A_{WIRE}，钢丝和钢丝绳一起安装在传感器中，如上所述再检测一次，读得另一LMA0 值，记为 MA_{TEST}。则横截面灵敏度 α 定义为

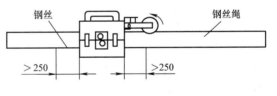

图 4-21　在线灵敏度标定

$$\alpha = (MA_{\text{TEST}} - MA_{\text{ROPE}})/A_{\text{WIRE}} \qquad (4\text{-}2)$$

重复几次上述操作，排除操作或偶然误差后，求其平均值得到较准确的 α 值。α 值的大小有正有负，当测量的金属横截面积增大时，LMA0 值随之增大时，α 值为正；反之为负。由于磁场的变化，不同的传感器在测量不同规格的钢丝绳时，α 值的大小和符号均会变化。

2. 离线测定

采用一段与被测钢丝绳规格和结构相同的钢丝绳对 α 值测定时，传感器的安装如在线标定方法，所不同的是，钢丝绳的长度必须大于 5m，将传感器安装在钢丝绳的中央，以消除端部效应的影响，如图 4-22 所示。其他操作同在线测定。

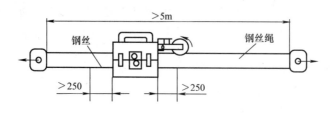

图 4-22　离线灵敏度标定

4.4.3　横截面积基准的测定

采用永磁磁化测量钢丝绳的横截面积时，传感器只能在某一测量范围内呈线性变化，因此，对某一规格的传感器，其只能在被测钢丝绳横截面积上下变化的较小范围内工作。图 4-23所示为传感器测量金属横截面积时的典型输出特征曲线。当要测量出某一钢丝绳的金属横截面积的绝对值时，必须已知线性区域中某一金属横截面积 MA_0 所对应的传感器输出信号值的大小 V_0，然后才能由传感器测量的信号值 V_T 计算出被测钢丝绳的金属横截面积 MA_{ROPE}，即

$$MA_{ROPE} = MA_0 + (V_T - V_0)\alpha \tag{4-3}$$

当 MA_{ROPE} 与 V_T 的对应关系不能确定时，只能测定横截面积的相对变化量 ΔMA_{ROPE}，即

$$\Delta MA_{ROPE} = (V_T - V_0)\alpha \tag{4-4}$$

因此，钢丝绳金属横截面积的测量分为绝对横截面积的测量和相对横截面积的测量。

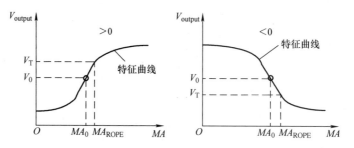

图 4-23　传感器测量金属横截面积时的典型输出特征曲线

1. 绝对横截面积的测量

如横截面灵敏度的离线测定一样，取一段 5m 长的新钢丝绳，支起后在绳的中央移动传

感器 1m 以上，测得一组检测数据，在波形分析中读取 LMA0 值，此时的 LMA0 值就是新钢丝绳的金属横截面积对应的输出信号值。重复进行多次后求其平均值，得到准确的横截面积基准值。在检测的参数中设置该值，并将钢丝绳的金属横截面积设置为新绳的横截面积，用这组参数测量在役钢丝绳时，在波形分析中，根据相对于新绳的横截面积变化率 LMA% 可求得每一段钢丝绳的绝对横截面积大小。

2. 相对横截面积的测量

当一时没有新钢丝绳时，可在被测钢丝绳上磨损和锈蚀最小的地方测定横截面积基准。由于该处的真实横截面积大小未知，而金属横截面积的大小又只能设置为新钢丝绳的横截面积，因此测量将存在误差。

通常将检测的起始处 1m 长的钢丝绳作为参数的标定段，该段对应的输出信号的大小显示在波形分析中屏幕的左上方，即 LMA0 值。将横截面积基准设置为该值和将金属横截面积设置为新钢丝绳横截面积时，其后被测钢丝绳金属横截面积的相对变化均是以该处进行比较得来的。

4.5　钢丝绳检测仪器的应用

钢丝绳检测仪在煤矿、铜矿、铁矿、冶金等领域具有广阔的用途。

由于钢丝绳现场情况的复杂性，钢丝绳的报废情况也各不相同，以矿井斜井提升为例，钢丝绳多以磨损为主；竖井提升钢丝绳多以断丝为主。因此在检测方法的选取上，应结合不同的条件，选择合适的传感器。

另外需要认识到一点，采用仪器检查也要配合人工检查，人工检查仍需按规程规定进行，定期采用仪器检查。仪器检查的时间间隔可根据钢丝绳的使用时间逐渐缩短。钢丝绳使用前期可每月检查一次，中期每十天检查一次，后期可酌情每周检查 1~2 次。采用仪器检查时，一定要把每次检查记录，尤其是发生变化的记录保存下来，后期通过记录的对照分析可明显地看出钢丝绳使用各部位金属横截面积变化（包括断丝、磨损、锈蚀等）情况，准确地找出全绳长的金属横截面积损失情况，从而确定钢丝绳强度最薄弱的环节。

4.5.1　检测传感器的安装

检测传感器在现场的安装主要从两方面考虑：一方面是操作人员和仪器的安全性，钢丝绳检测本身的目的是保证矿井安全生产的正常进行，如果由于检测装置的使用给生产带来不安全的隐患，必将影响到检测装置的推广应用，这在煤矿使用中尤为重要；另一方面是检测装置可靠性，尽管钢丝绳传感器有浮动装置保证检测有一定的抗干扰性能，但是由于钢丝绳在实际运行中的抖动仍然比较厉害，因此必须结合现场条件制作安装支架，该支架不但要有一定的强度，而且要有一定的柔性，保证传感器能够跟随钢丝绳移动。

为了保证钢丝绳的全长检测，有时要采取多点测量的方法，此时要注意测点的选择。比如，对竖井提升钢丝绳测点的选取，当采用在平台或卷筒出绳口的任一位置进行单点检测时，总会有某一段钢丝绳漏检，对于这种情况，必须采取在平台和出绳口都检测的两点检测方法，如图 4-24 所示。

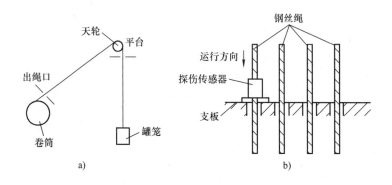

图 4-24　钢丝绳测点位置的选择

4.5.2　典型应用实例分析

1. 煤矿斜井提升钢丝绳

斜井提升钢丝绳一般以磨损破坏为主要报废形式。图 4-25 所示为晋城矿务局钢丝绳现场检测曲线及结果，此次实验是在斜井提升钢丝绳上进行的，钢丝绳的结构为 $6 \times 7 - 28.5mm$，检测位置选择在卷扬机房出绳口，首先将罐笼放到井底，钢丝绳向上提升罐笼时开始检测，检查时间是在钢丝绳调头使用前 1h 进行的。

检查前现场使用人员认为无断丝，仪器检查时，在 204m 左右发现有一处信号异常，判断为两根断丝，人工核查后发现在第二层钢丝有一根断丝。由于该根断丝已经被拉开约 10mm，从而引起表面钢丝绳绳股的变形，人工检查时首先是发现此处变形，然后将此处污泥去除发现的。像该种类型的断丝，人工检查时很难发现，仪器检查能够发现，现场人员认为这是一个重大补充，能够满足现场使用要求。

由于在提升时开始检测，首先检测到的钢丝绳是位于出绳口与天轮之间的部分，该部分钢丝绳处于悬空状态，很少受到磨损，表现为开始部分钢丝绳横截面积变化很小；最后检测

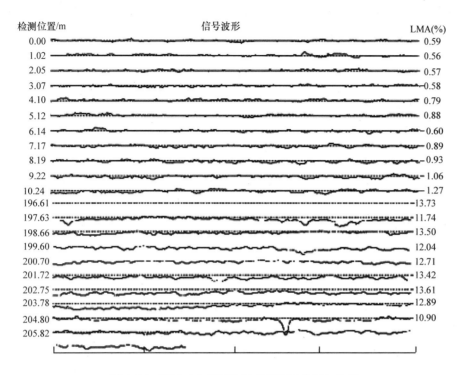

图 4-25   晋城矿务局钢丝绳现场检测曲线及结果

到的是接近矿车部分的钢丝绳，该部分钢丝绳经常与地滚接触发生摩擦，造成钢丝绳磨损
快，程度深，表现为钢丝绳横截面积损失增大；又由于矿车在井下换道时，该部分钢丝绳与
其他物体发生碰撞，容易产生断丝，仪器检测时就是在该部分发现一处内部断丝。煤矿钢丝
绳一般磨损到 20% 时报废，当钢丝绳最薄弱部分磨损到报废程度的 70% 左右则调头使用。
该实验在调头使用前 1h 获取，比较该钢丝绳开始处 10m 和最后 10m 的金属横截面积损失状
况可以看出，检测结果与经验值符合得很好。

2. 起重机钢丝绳

起重机用钢丝绳由于经常提升物体，反复弯曲，断丝是该类钢丝绳报废的主要原因。一
般要求钢丝绳耐弯曲强度高，所以钢丝绳的钢丝数目多，钢丝丝径细，是钢丝绳断丝检测的
难点。图 4-26 所示为葛洲坝集团某一起重机钢丝绳的检测结果，钢丝绳结构为 6×37 –
37mm，单根钢丝直径为 1.6mm，发生断丝的钢丝已经翻卷出来，相互交错在一起，仪器检
测多次，判定在 27m 附近断丝最多，检测结果为 9 根，人工复查结果为 9 根。

3. 竖井提升钢丝绳

图 4-27 所示为安徽芜湖桃冲铁矿竖井提升钢丝绳检测曲线。该钢丝绳结构为 6×19 –
24.5mm，顺捻。在顺捻结构钢丝绳中，钢丝与钢丝绳轴线方向成一定角度，当对钢丝绳进

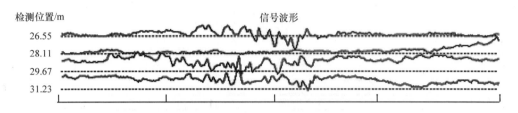

图 4-26　葛洲坝集团某一起重机钢丝绳的检测结果

行轴向励磁时，由于磁力线的连续性，磁力线沿钢丝方向行走，这样当钢丝绳产生断丝时，断丝形成的漏磁通也与钢丝绳轴线成一角度，检测轴向磁场信号相当于检测漏磁场信号的一个分量，表现为股波信号明显，信号噪声大，缺陷信号不明显。在这种强噪声情况下，检测系统仍然可以准确识别出缺陷信号，在 37m 附近图中信号突变的地方识别出 3 根断丝，人工检查结果也为 3 根。

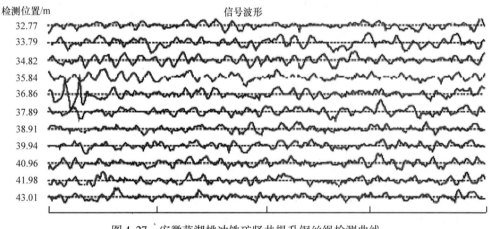

图 4-27　安徽芜湖桃冲铁矿竖井提升钢丝绳检测曲线

4.5.3　典型应用的信号波形分析

钢丝绳定量检测仪是一种检测钢丝绳中表面或内部断丝和因磨损、锈蚀、绳径等引起的钢丝绳横截面中金属横截面积总和变化的计算机化无损检测仪器。采用了 LF 类（局部漏磁）和 LMA 类（金属横截面积损耗）探伤传感器，检测信号经过放大、滤波等处理后由计算机采集和判别，显示检测的结果。但在实际应用中，除了钢丝绳由于断丝、磨损、锈蚀、绳径变小等引起的金属横截面积总和变化而引起的波形变化之外，在实际检测中，常伴有：①钢丝绳的抖动引起的波形变化；②检测速率的变化引起的波形变化；③钢丝绳表面的金属杂质引起的波形变化。对各种实际检测波形进行分析显得尤为重要。

下面以广西高峰矿业有限责任公司（以下简称公司）的跟踪应用进行论述。广西高峰矿业有限责任公司是一家年产 30 多万 t 金属（锡、铅、锌、锑）的有色矿山，其主提升系统由主斜井，2 号、3 号、4 号、6 号盲斜井及竖井负责矿石及人员、物料的提升，其使用的提升钢丝绳有 φ26mm、φ29mm、φ32mm 三种型号。

1. 由于断丝、磨损、锈蚀、绳径变小等引起的波形变化

如图 4-28 所示，在仪器检测界面中分为两个部分：上部为测厚波形，测厚是检测钢丝绳的直径变化；下部为探伤波形，波形反映钢丝绳内外部的断丝、锈蚀损伤情况。两种波形横向格子线表示钢丝绳的长度，每格 1m，一版面为 20m。纵向为测厚、探伤波形变化的大小，以基准线往上的部分反映了钢丝绳直径变化及受伤大小。根据 GB 16423—2006《金属非金属矿山安全规程》第 6.3.4.6 条规定"以钢丝绳标称直径为准计算的直径减小量达到10% 为更换依据"可知，纵坐标每一小格代表 2% 的变化量，上下对称，满格为 10%。探伤波形的波峰超过门限（5%）即可判定为断丝；但测厚、探伤的径缩率及断丝数还是由操作系统"汇总报告"中具体反映。

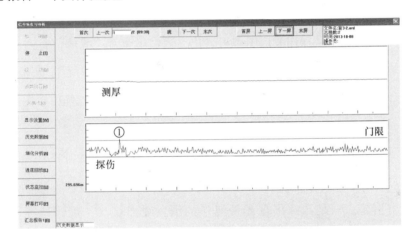

图 4-28 3 号盲斜井钢丝绳检测时的局部波形

（1）异常波形

分析一：断丝

图 4-28 所示为公司 3 号盲斜井钢丝绳检测时的局部波形，尖锐波峰处①是钢丝绳断丝处的波形，其峰峰值已超过警示线门限位置。当检测时出现该波形时，可发信号停机，人工目测及反方向使钢丝绳再次经过检测仪（检测仪的检测无方向性）进行确认。如果人工目测未发现钢丝绳外表发生断丝而再次机检时该波形还存在，则可判定钢丝绳内部已发生断丝。图 4-29 中检测报告显示断丝位置为 28.81m 处（人工目测，外表断丝），断丝为 1 根，但其测厚波形相对基准线无大变化，说明钢丝绳绳径还在安全值范围内。

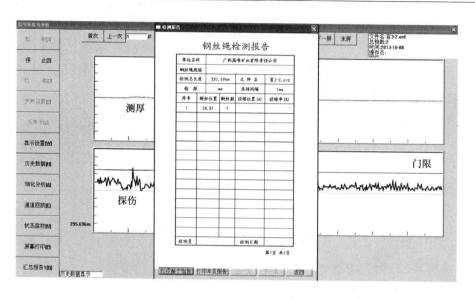

图 4-29　断丝检测报告

分析二：锈蚀

还是以图 4-28 为例，从探伤波形图中可看出，其波形紊乱，峰峰值普遍超过第一小格线，其反映的是该根钢丝绳内外部发生锈蚀、捻制松散、疲劳使用，而且测厚波形基本和基准线重叠，结合目测该钢丝绳外表钢丝如果已发生磨损，则说明钢丝绳由于内部发生锈蚀产生肿胀而使绳径未发生变化。

当遇到测厚波形稳定，而探伤波形较为紊乱且波峰靠近门限位置并伴有局部断丝的波形时，可直接判定该根钢丝绳内外部产生锈蚀、钢丝绳捻制结构松散，已处于疲劳使用状态，应立即采取以下措施：一是截掉出现此种波形的钢丝绳绳长（一般钢丝绳绳头约 100 ~ 200m）；二是如波形出现于钢丝绳绳长中间，截掉钢丝绳后绳长不符合安全要求，则需立即更换新绳。

在矿山，发生钢丝绳断绳事故的主要原因是由于钢丝绳的局部断丝、磨损、锈蚀、疲劳使用而致局部应力集中，因而对检测仪的断丝、磨损、锈蚀波形分析尤为重要，现举一实例说明。

2008 年 12 月 19 日 10：00 左右，公司技术人员对 3 号盲斜井（斜长 646m）使用中的钢丝绳（φ31mm，已使用 8 个月）进行检测，测得的波形图（局部）如图 4-30 所示，汇总报告显示其在 180m 处断 1 丝，径缩率为 4.5%（＜10%），其他处径缩率最大值为 0.57%，随后目测确认该处外表断 1 丝，但探伤波形紊乱且其峰峰值几近警示线门限，整绳外表钢丝磨损较严重。检测人员当时即汇报公司主管副总经理，其指示两天后安排更换新绳。由于该斜井属公司主提升系统咽喉要道，年底提升任务紧张，且检测数据显示测厚、探伤均在安全值范围内，因此检测人员未下达停机通知。经过 15h 后，2008 年 12 月 20 日夜班 1:00 左右，该提升机在提升 4 斗矿石后发生断绳事故。事后调查发现：①该斜井井筒滴水严重，钢丝绳拖地运行，导致钢丝绳绳芯干燥无油、内部钢丝锈蚀、脆化严重，如图 4-31 所示，但断绳处未在断丝处；②外部单根钢丝直径磨损已达 1/3（这是事后拆开钢丝绳，游标卡尺测得的单根钢丝直径，一般目测很难确定）。

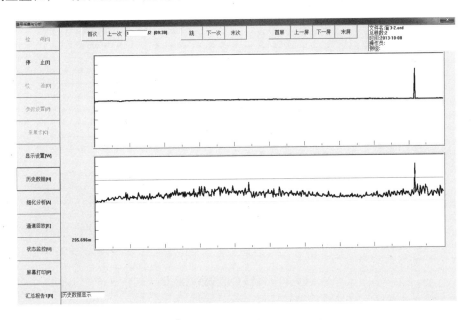

图 4-30　3 号盲斜井钢丝绳检测波形

a)
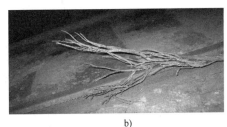
b)

图 4-31　断绳事故图

从此起事故中针对检测仪检测波形的分析得出一个经验教训：作为检测技术人员，当遇到测厚波形稳定，而探伤波形较为紊乱，波峰靠近门限位置并伴有局部断丝，且外表钢丝磨损严重时，不可判定其磨损在正常值范围！实际情况是该根钢丝绳捻制结构已松散，内外部产生锈蚀而导致绳径膨胀，钢丝绳已处于疲劳而且非常危险的使用状态，应立即更换新绳。

（2）绳径变化　图4-32所示为公司主探井提升人员、物料用的φ26mm钢丝绳绳径变化检测波形图，图中显示测厚波形已达第1小格线；图4-33所示φ26mm绳径变化检测报告显示钢丝绳径缩率为2.14%，从该数值可以分析：测厚波形稳定，径缩率2.14%＜10%，在安全值范围；探伤波形稳定，说明钢丝绳无内外部锈蚀，材质、捻制结构良好，可继续使用。一般在钢丝绳的断绳事故中，很少有由于绳径缩小的主因导致的。

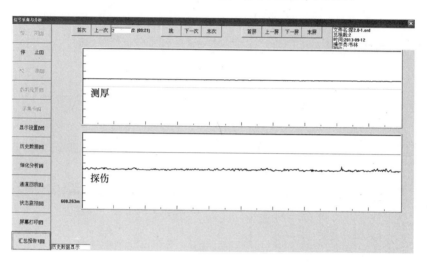

图4-32　绳径变化检测波形图

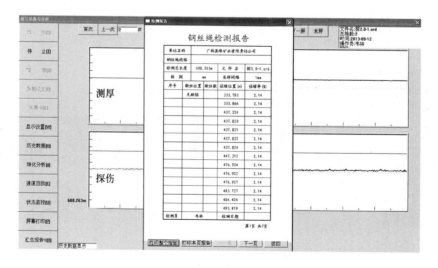

图4-33　φ26mm绳径变化检测报告

（3）扭折　图4-34所示为公司主探井新更换的φ31mm钢丝绳因操作不当，导致局部发生扭折，经人工来回移动检测仪得到该处的波形，其测厚及探伤波形因人工移动检测仪，速率不同，故而同一受损处波形不规则，但其反映的情势相同：钢丝绳绳径和受伤波形已明显超过临界值。从图 4-35 检测报告中可看出，虽然测厚及探伤波形变化明显，但无缺陷（无内外部断丝，截下该处钢丝绳散股查看后确认），径增率最大值已达 12% > 10%。但无缺陷并不表示该绳无损伤，从测厚、探伤波形可分析：该绳捻制结构已受损，绳股已松散（散股）。由于该扭折在绳头处，故截掉该处后继续使用；如在钢丝绳绳长中间，则应该立即更换新绳。

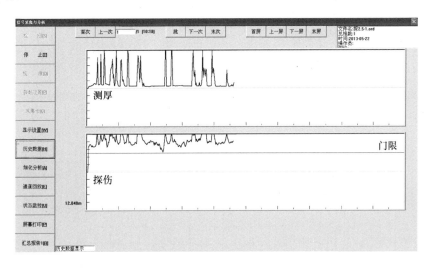

图 4-34　扭折检测波形

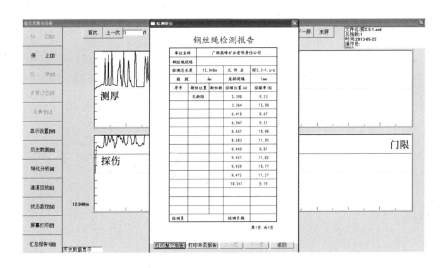

图 4-35　扭转检测报告

2. 检测时伴生的钢丝绳波形变化

虽然任何一种缺陷形式的存在都会在仪器的信号中反映出来，但是有时因现场情况复杂，在定性方面也没有很绝对的依据。比如，裂纹深浅不一、点坑大小不同以及内、外断丝断口状态差异等因素的影响，给分析人员对波形的分析带来困难，因此在某些难以判断的情况下，可以根据信号的大小将其判成断丝。但经过多年使用该型号检测仪，笔者认为对以下的一些波形可以做出客观判断。

1）钢丝绳抖动引起的波形变化。图4-36异常波形①为公司3号盲斜井钢丝绳检测运行时卷扬机停机、钢丝绳抖动引起的波形异常，其形状与图4-28的断丝波形无异；图4-37汇总报告显示其为：断丝位置为2.85m，断丝数为1。但重新检测该点时，并未出现此异常波形。当检测出现该波形时，可打信号停机，人工目测及反方向使钢丝绳再次经过检测仪进行确认。

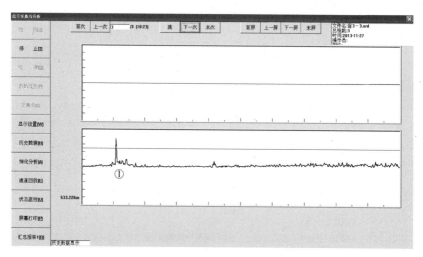

图4-36　钢丝绳抖动引起的波形异常

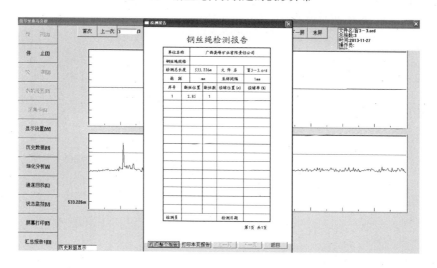

图4-37　抖动引起异常的检测报告

2）钢丝绳表面存在金属杂质引起的波形变化。图 4-38 所示为 4 号盲斜井 φ26mm 新更换钢丝绳波形图（局部），图中异常波形处测厚、探伤波形明显超过警示线，但复检后无此波形，且其他波形较为稳定，经现场检测人员打开检测仪检查，发现检测仪内有从钢丝绳上吸附下的铁屑，计算机"汇总报告"显示为：断 2 丝，径缩率 19.92%。此种波形和断丝、扭折波形的区别在于：其波峰紧凑、细长，波脚无缓冲区。最好的解决办法：当检测时出现该波形时，可打信号停机，人工目测及反方向使钢丝绳再次经过检测仪进行确认！一般情况下，铁屑被强磁检测仪吸附离开钢丝绳绳身后，再次检测时此种波形会自动消失，如果是铁钉一类镶嵌在钢丝绳内无法吸离，人工目测容易辨认。

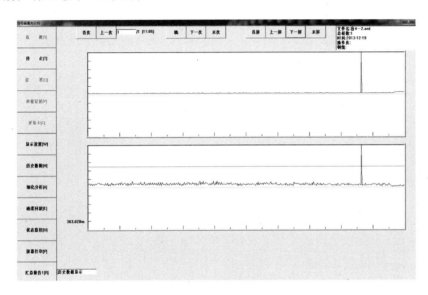

图 4-38　金属杂质引起的波形变化

从以上对各种波形的分析得知：①检测时钢丝绳运行速度要和检测仪设定的运行速度一致；②安装检测仪探头时尽量靠近地滚或天轮附近，以防止钢丝绳发生晃动；③检测仪产生的任何异常波形，必须进行即时复检后加上现场检测人员的目测、经验做出正确的判断。

第5章 钢丝绳在线自动无损检测

钢丝绳在线自动检测首要解决的是检测传感器的装卸和探伤系统的稳定性问题。这将对电磁无损检测原理的实现方法和传感器结构提出新要求。为了适应高速运动的钢丝绳探伤，作者曾经花费较大的精力研究大提离、非接触的电磁探伤方法，希望在半径方向上单边15～20mm提离下实施钢丝绳的探伤，但实践证明很难奏效。原因在于，随着钢丝绳的摆动，单边最大测量提离有可能大到40mm，漏磁场的测量非常困难，同时信号的稳定性、一致性极差。为此，本章仍然基于小提离下的电磁无损检测技术，以煤炭钢丝绳为例，介绍钢丝绳的在线检测和实时监测技术，这些技术同样适用于其他应用场合的钢丝绳检测。

5.1 煤矿用钢丝绳运动形式与检测特点

煤矿用钢丝绳运动形式随提升系统的不同而变化，比较典型的是缠绕式提升系统和多绳摩擦式提升系统。

煤矿用单绳缠绕式提升机根据卷筒数目不同可分为单卷筒和双卷筒两种。单卷筒提升机，一般用作单钩提升（单根钢丝绳），钢丝绳的一端固定在卷筒上，另一端绕过天轮与提升容器相连；卷筒转动时，钢丝绳向卷筒上缠绕或放出，带动提升容器升降。图5-1所示为单绳双卷筒提升系统，用作双钩提升，两根钢丝绳各固定在一个卷筒上，分别从卷筒上方和下方引出，卷筒转动时，一个提升容器上升，另一个容器下降。缠绕式提升机钢丝绳的运动特点是：要在卷筒上平移，存在较大范围的抖动（一般在半径方向上达到50mm），在起动和停止时存在严重的上下晃动（范围达到500mm）。

图5-2所示为摩擦式矿井多绳提升系统，其钢丝绳由卷扬机驱动，通过若干定滑轮换向下形成回转，最终提升运输罐笼，其运行方式为：提升钢丝绳搭挂在摩擦轮上，利用绳与摩擦轮衬垫之间的摩擦力提升作业。提升钢丝绳的两端各连接一个容器，或者一端连接容器，另一端连接平衡重，并采用尾绳平衡重量。

摩擦式提升机钢丝绳的运动特点是：多绳间的间距小，运行速度高（最高可达到12m/s），存在小范围的抖动（一般在半径方向上小于20mm）。

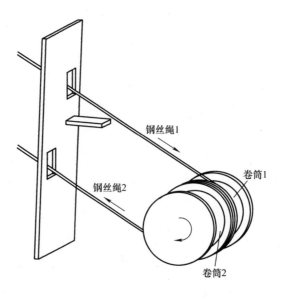

图 5-1　单绳双卷筒提升系统简图

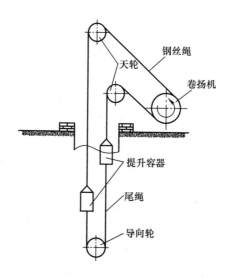

图 5-2　多绳提升系统简图

根据上述钢丝绳的运动特点，提升钢丝绳在线检测存在以下难点：

1）钢丝绳运行速度可高达 12m/s，且存在 20～30mm 摆振，非接触的大提离电磁检测方法无法实现，故检测传感器要实现在高速运行下的接触式跟随，检测传感器的实现方法和结构有待进一步研究。

2）如何保证高速运行状态下钢丝绳检测信号的稳定性和可靠性。

3）如何实现检测传感器的自动装卸方法与机构。

5.2　缠绕式钢丝绳检测传感器结构设计

缠绕式钢丝绳的运动存在平移和较大的抖动，在起停时摆动幅度可达到 500mm，所以检测传感器以及传感器的装卸、跟踪机构必须满足这些运动。

图 5-3a、b 所示为两种常用的磁轭式永磁磁化方法。单磁轭式产生的单边吸力较大，不便于检测传感器的自由装卸；周向多磁轭式有效消除了单边吸力，但安装比较麻烦。

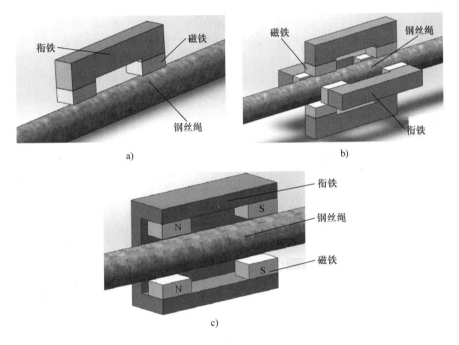

图 5-3　磁轭式磁化方法

a）单磁轭式　b）周向多磁轭式　c）C 型

为了消除磁化器带来的吸力，重新设计如图 5-3c 所示的 C 型磁化器，一边开口，用于装卸钢丝绳，传感器中漏磁场的检测同第 4 章中的方法。

为了消除周向漏检，剖分式检测传感器的开合方式值得进一步研究。

如图 5-4 所示的铰链式开合结构，两个半圆形检测器之间通过铰链连接，以铰链点为中心张开合拢，是手持式检测传感器经常使用的方式。但在自动化探伤中，周向闭合的结构缺乏安全性，一旦高速运行的钢丝绳存在翘起的断丝，将拉坏检测传感器。因此，这一方式不适合在自动化探伤中使用。

重新设计如图 5-5 所示的错位组合式检测传感器和自动开合机构。两个 C 型检测器在钢

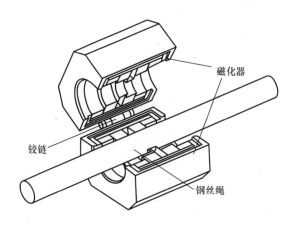

图 5-4　铰链式开合结构

丝绳轴向错位、在周向上正对布置，且单个 C 型检测器周向覆盖范围大于 180°，消除漏检。更主要的是，单边工作方式没有了安全隐患，遇到断丝可以避让。利用平行四边形机构可实现检测传感器的开合与浮动跟踪，由气缸驱动平行四边形的运动，实现自动对中抱合。

　　每个半边检测传感器上的导向轮确保了传感器处理不与钢丝绳接触的小提离状态，使得检测磁场信号稳定、可靠。

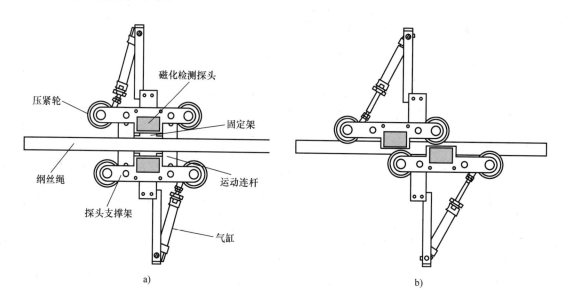

图 5-5　错位组合式检测传感器和自动开合机构

a）张开状态　b）抱合状态

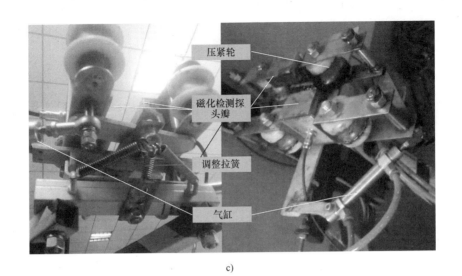

c)

图 5-5　错位组合式检测传感器和自动开合机构（续）

c）实物

5.3　缠绕式提升机钢丝绳检测传感器装卸

图 5-6 所示为缠绕式提升钢丝绳工作立面简图，钢丝绳工作时处于地面上方，呈斜向上方向。

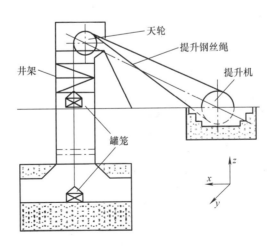

图 5-6　缠绕式提升钢丝绳工作立面简图

检测传感器装到钢丝绳上需要完成这样几个动作：

1）在水平面上，装卸装置联动检测传感器摆动到钢丝绳正下方。

2）在立面上，再竖直运动贴近钢丝绳。

3）抱合机构合拢。

检测传感器脱开钢丝绳的动作与上述相反。

完成上述动作的检测器装卸机构如图 5-7 所示，主要包括基座、运动支撑杆、驱动器（电动机、减速器及气缸）以及其他运动定位辅助机构。

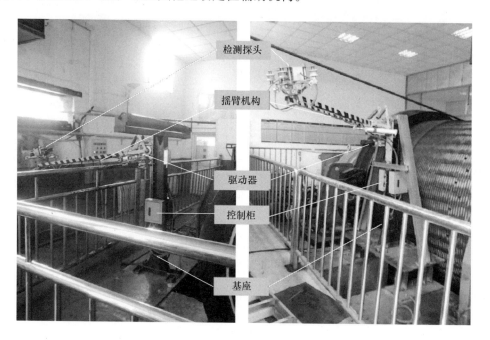

图 5-7　检测器装卸机构

5.4　摩擦式提升机钢丝绳检测传感器设计

在钢丝绳检测应用中，磁轭式磁化器容易产生吸力，当钢丝绳晃动时，吸力将吸偏钢丝绳，阻碍钢丝绳的轴向运动，严重时因摩擦产生火花，防爆要求难以实现。高速检测中消除磁化器与钢丝绳间吸力，尤显重要。在此，提出穿过式磁化器结构，用周向均布的磁回路相互抵消对面的吸力，达到减小磁化器吸力的目的。

图 5-8 所示为环形永磁磁化器。环形永久磁铁磁化钢丝绳形成的轴对称磁场，消除了径向的吸力。

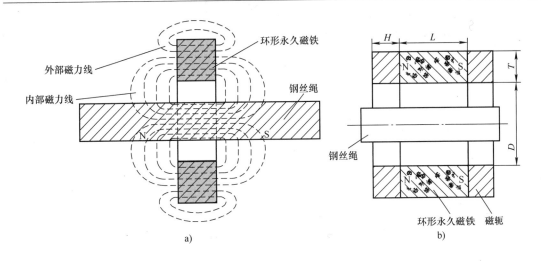

图 5-8　环形永磁磁化器

a）环形永磁的磁场分布　b）环形磁轭式永磁磁化

　　环形永磁磁化器的结构参数主要有永久磁铁内腔直径 D、圆环厚度 T、圆环高度 H 和铁心长度 L。通过建立有限元模型可对上述结构参数进行仿真研究，寻求最优的结构参数。

　　有限元分析模型如图 5-9 所示。仿真中钢丝绳的磁特性参照碳素钢材料（碳的质量分数为 0.5% ~ 0.8%，是通常制作钢丝绳的高强度、高韧性钢材），$B - H$ 曲线如图 5-10 所示。铁心的磁特性参照碳的质量分数低于 0.04% 的低碳钢，是一种常用的制造电磁铁心、极靴、继电器、扬声器磁导体和磁屏蔽罩等的材料，$B - H$ 曲线如图 5-11 所示。模型中忽略铁心上定位止口造成磁铁径向厚度（T）的差异。钢丝绳采用直径 $\phi30\text{mm}$ 的钢棒代替，取钢棒内距表面 1mm 处的轴向磁感应强度值。

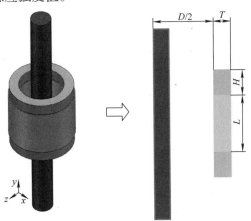

图 5-9　环形永磁磁化器有限元分析模型

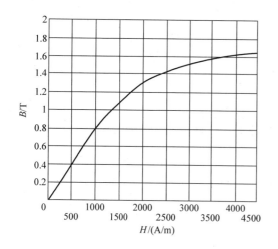

图 5-10 钢丝绳材料的 $B-H$ 曲线

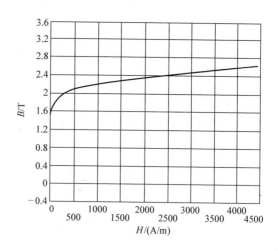

图 5-11 铁心材料的 $B-H$ 曲线

5.4.1 磁化器设计仿真

1. 永久磁铁内腔直径对磁化的影响

在永久磁体内腔直径以 10mm 的步长从 40mm 增加到 80mm 的过程中，获得的漏磁场信号如图 5-12a 所示，漏磁场峰峰值随磁铁内腔直径的变化如图 5-12b 所示。

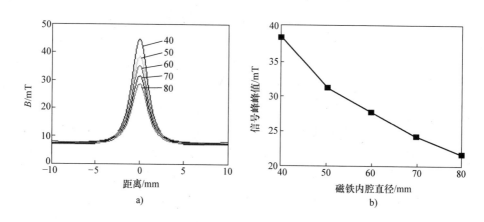

图 5-12 内腔直径对磁化的影响

由图 5-12 可见，当内腔直径较小时，磁铁和钢丝绳之间的空气间隙也较小，对钢丝绳有更好的磁化效果，因此得到的漏磁场也较大。随着磁化器内腔直径的逐渐增大，对钢丝绳的磁化逐渐减弱，漏磁场也随之减小。

从图 5-12 的仿真结果可知：在其他条件相同时，内腔直径越小，漏磁信号越大。因此在考虑圆环厚度对磁化的影响因素时，将圆环的内腔直径取为 40mm。工件的材料属性、几何尺寸均不变。

在圆环厚度以 5mm 的步长从 5mm 增加到 20mm 的过程中，依次提取漏磁场信号，从而获得磁感应强度分布情况如图 5-13a 所示，磁场分布情况如图 5-13b 所示。由仿真结果可知，当磁铁厚度增大时，漏磁场的峰峰值也随之增大。

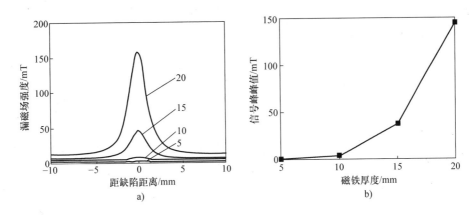

图 5-13　磁铁厚度对磁化的影响

2. 磁铁长度对磁化的影响

磁铁长度即磁铁在轴向上的跨度，它也部分地决定了磁化器的磁势，因而它也是磁化器的一个重要参数。按照前面各章节的结论，将永久磁铁内腔直径取为 40mm，圆环厚度取为 20mm，建立仿真模型，使得磁铁长度以 10mm 的步长从 40mm 增加到 80mm。提取漏磁场信号，结果如图 5-14 所示。由图 5-14 可知，随着磁铁长度增加，漏磁场强度会逐渐增大，且增长速度逐渐变小。

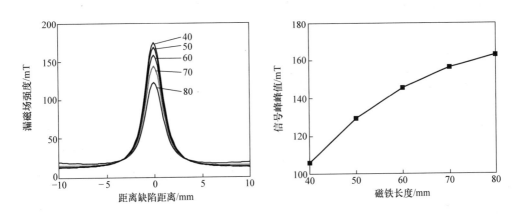

图 5-14　磁铁长度对磁化的影响

3. 衔铁长度对磁化的影响

前文已述及，在环形磁铁两边加上衔铁可以减小磁阻，从而衔铁的长度也成为影响磁化的一个重要因素。建立仿真模型，提取工件上方漏磁场强度数值，如图 5-15 所示。

由图 5-15 可知，随着衔铁长度的增大，外部磁阻逐渐减小，漏磁场随之增大。

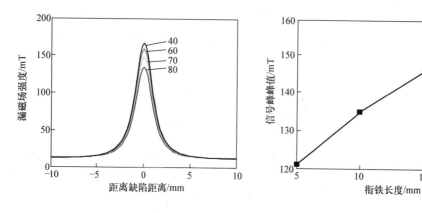

图 5-15　衔铁长度对磁化的影响

5.4.2　穿过式钢丝绳检测探头

依据 5.4.1 节的仿真结果，可以获得在磁化器设计中各工艺参数的选择原则。漏磁检测探头中除了施加磁激励的磁化器以外，对漏磁信号的拾取通常是采用对磁场敏感的器件，即磁敏元件来完成的。并且针对不同种类的缺陷形式，合理地选取磁敏元件对于特定信号的提取至关重要。

在穿过式永磁磁化器的内腔配上外径尺寸相同、内径尺寸不同的环形含磁敏元件的探靴，即可做成基于穿过式永磁磁化器的漏磁检测探头。其详细的制作工艺如图 5-16 所示。

图 5-16a 为传感器的安装骨架，骨架为环状，外圈直径与穿过式磁化器内腔一致且制有凹槽；图 5-16b 为环形阵列的磁敏元件，可以是感应式线圈，也可以是霍尔元件，或者是各自或者互相的组合，甚至是多种传感器的组合；图 5-16c 为磁敏元件安装在骨架上的效果；图 5-16d 为采用聚酯材料将磁敏元件封装在骨架凹槽中形成的探靴效果图；图 5-16e 为穿过式永磁磁化器，将图 5-16d 所示的探靴置于图 5-16e 的内腔之后便形成了图 5-16f 所示的基于穿过式永磁磁化器的漏磁检测探头（1/4 剖视图）。

在实际使用中，可以根据待检测的工件尺寸，做出多种规格的探靴进行更换来满足检测要求，其探靴更换工艺如图 5-17 所示。

基于穿过式永磁磁化器的漏磁检测探头集成磁化和信号输出功能，具有体积小、重量

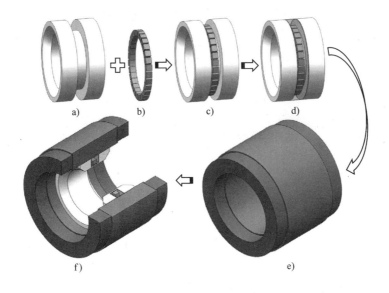

图 5-16　穿过式永磁磁化器检测探头制作工艺

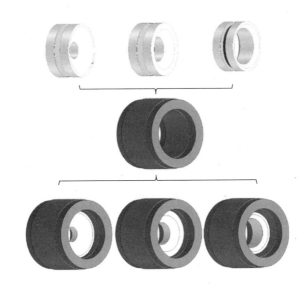

图 5-17　探靴更换工艺

轻、通用性强、造价低等优点，可适应某些待检测构件摆动幅度大、速度变化快的特点。

5.4.3　钢丝绳在线检测探头设计

1. 穿过式开合探头结构

实际应用中的钢丝绳在线检测探头需要采用卡套方式安装，将穿过式探头进行剖分处理，设计开合探头结构如图 5-18 所示。

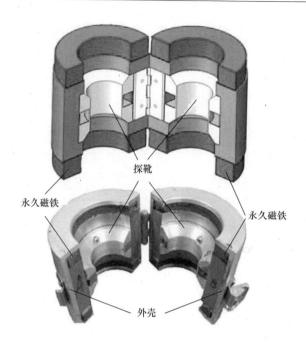

图 5-18   穿过式永磁磁化器漏磁检测探头剖分结构

该探头为剖分式结构，但是工作过程中又可以形成穿过式探头的形式，如图 5-19 所示。图 5-19a 为剖切后的磁化效果，图 5-19b 是穿过式的磁化效果。由图 5-19 可知，剖分后的探头在工件上形成的磁化场在磁化器所在的半边范围要略大于无磁化器的半边，但当两者合并后所形成的磁化场则和穿过式线圈磁化下的磁场分布特性一致。因此实际使用中根据所需磁化场的强度大小选取穿过式永磁磁化器的工艺参数，并且为了保证整个探头结构紧凑、惯性小，在保证磁化强度的情况下，尽量选取较小的结构参数。

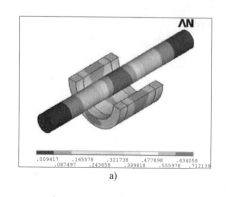

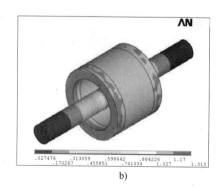

图 5-19   剖分式磁化和穿过式磁化效果对比图

2. 多绳提升系统钢丝绳运行中的状态

如图 5-20 所示，运行中的钢丝绳受到变加速运行的卷扬机牵引，且钢丝绳支点间的跨度大，因而钢丝绳在运行中会随着卷扬机各种运行参数的改变发生抖动，且由于自重的影响，钢丝绳在竖直平面内抖动更为严重，会产生振幅为 δ 的高速振动。

沿着钢丝绳的轴线方向建立坐标，可以将钢丝绳的运动分解成沿 Y 轴的提升运动、沿 X 轴的振动和沿 Z 轴的晃动。考察垂直于 Y 轴向的平面上钢丝绳的轨迹，如图 5-21 所示。假如将钢丝绳在整个运行的过程中出现的位置用 S_2 所示的椭圆形区域表示，而用 S_1 所示的矩形区域去包络 S_2，X 轴为 S_2 的长轴 a 和 S_1 的长边 A 所在方向，Z 轴为 S_2 短轴 b 和 S_1 的短边 B 所在方向，则只要探头的运动范围至少与 S_1 重合，则探头就能完成对钢丝绳的在线跟踪，此时也即有

$$S_1 \geqslant S_2$$
$$A \geqslant a$$
$$B \geqslant b$$

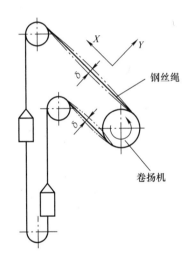

图 5-20　多绳提升系统钢丝绳运行中的状态

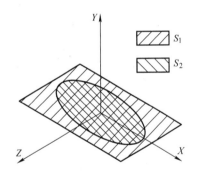

图 5-21　钢丝绳的运行分解图

3. 探头开合的实现

为了实现在毫不影响钢丝绳运行、维护、更换等作业的情况下对钢丝绳进行在线检测，探头的开合显得至关重要：一方面是因为闭环的结构无法穿透钢丝绳进行检测；另一方面，为了避免设备运行过程中发生意外故障，也需要在检测完成后将检测探头退回到安全区域。

离合式探头开合机构原理如图 5-22 所示。两个对等的探头瓣 A 和探头瓣 B 在两个平行的直线机构 A、B 里滑动，从而实现探头开合功能。

铰链结构中，探头做弧线运动，而离合式结构中，探头做直线运动。从考虑满足探头实现简单的 Y-Z 平面二维运动来说，由于离合式机构自身的开合方式已经可以实现一个方

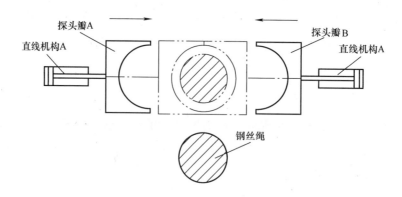

图 5-22　离合式探头开合机构原理

向（Y 或者 Z）的运动，因而外围机构中只需要再增加一维自由度就可以实现探头对钢丝绳的跟踪，因此探头开合选择离合式机构。

4. 探头跟踪钢丝绳的实现

图 5-23 所示为一种基于离合式机构的浮动跟踪机构，该机构主要由六部分组成：底座一方面提供了整个探头固定的基础，另一方面也提供了整个探头装置的对外接口；转换基座用来连接和实现跟踪机构 Y 运动方向和 Z 运动方向的叠加和转换；Z 向滑轨（包含配套的滑块）连接转换基座和探头卡座，可以满足整个探头 Z 方向的自由移动需求；气缸的两端分别连接探头卡座 A、B 两部分，用来控制探头卡座的相对运动；Y 向滑轨（包含配套的滑块）连接底座和转换基座，可以满足探头 Y 方向的自由移动需求。

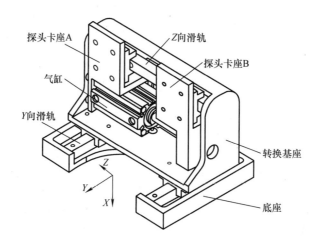

图 5-23　基于离合式机构的浮动跟踪机构

5. 钢丝绳在线检测探头系统

为了实现探头与钢丝绳的非接触检测，对探头进行如图 5-24 所示的改进：在探头外面装上外壳，在外壳的两端部装上用耐磨材料（如耐磨尼龙）制作的与磁化器同轴布置的耐磨套，通常耐磨套内径比磁敏探靴内径小 2～5mm，且耐磨套与钢丝绳的提离距离应该保证钢丝绳正常工作状态下不会接触到上述探靴，这样每种规格的探靴就需要相应规格的耐磨套。上述磁化器、探靴通过封装并与耐磨套固连后，形成可以与上述跟踪机构连接的"标准件"。将改进后的探头装在跟踪机构的探头卡座上，就形成了图 5-25 所示的钢丝绳在线检测探头。

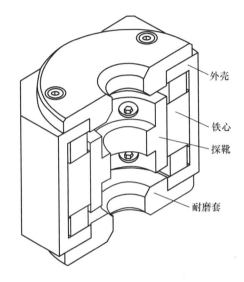

图 5-24　封装后的探头

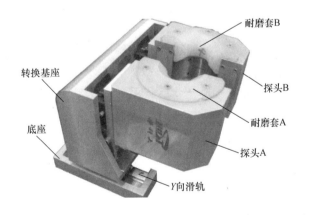

图 5-25　钢丝绳在线检测探头

　　探头沿着两组相互垂直的导轨移动，从而在耐磨套的隔离下，不但使得探靴与钢丝绳之间始终保持固定的提离距离，实现钢丝绳的定量无损探伤，而且实现了探靴与钢丝绳之间零接触以及检测装置与钢丝绳之间的零挤压力。浮动跟踪机构通过耐磨套与钢丝绳之间的小间隙配合来适应钢丝绳的抖动。

5.4.4 检测系统及其运用

摩擦式多绳提升系统在线检测系统包括检测探头、校准探头、检测主机、操作台和辅助机构，其系统组成如图 5-26 所示。

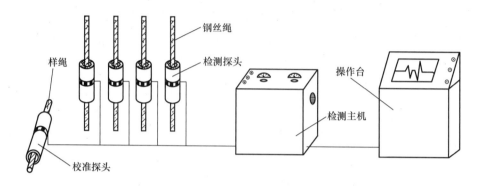

图 5-26 检测系统组成

设备开始工作前，先使用标样钢丝绳对设备进行校准，以校准探头的数据为基准调整各检测探头通道的参数，使得钢丝绳的横截面损失信号（LMA）能够有一个参考标准，同时使各探头对局部同一断丝信号（LF）也保持一致。检测开始后，探头伸向钢丝绳并抱合。钢丝绳在卷扬机的牵引作用下与检测探头发生快速直线相对运动，进行扫描检测。扫描所捕获的钢丝绳检测信号先输入到检测主机，经过处理后再发送到操作台，由计算机数据采集分析系统进行分析处理，完成数据记录及分析评判。检测结束后，检测探头张开，并在机构的驱动作用下离开钢丝绳。

具体来说，可以将检测方案划分成三个主要模块，如图 5-27 所示。信号拾取包括磁敏传感器对缺陷漏磁场的拾取，以及用于记录检测距离或者确定缺陷位置的行程传感器；信号处理主要是将传感器拾取到的模拟信号进行预处理，滤除干扰信号后进行 A－D 转换；终端处理主要是将信号再次进行处理后，获得缺陷的大小和位置信息，然后将结果显示在 PC 机上供用户观察或者检阅结果。当然，为了实现这些功能，需要操作台控制系统、驱动系统和检测主机系统等外围模块的支持。

检测主机是整个检测系统中直接靠近待检测的钢丝绳的部分，仔细考察现场工况，如图 5-28 所示：由于钢丝绳绝大部分远离地面或处于井筒中，只有卷扬机的正面有一个小区域，此处钢丝绳刚刚脱离卷扬机，相对其他各处抖动最小，再则此处处于机房中卷扬机操作人员的正前方，便于观察设备的运行状况，因而是最适合安装主机的地方。

由于此处同时也是对卷扬机进行定期维护和检修的地方，因而考虑主机在检测完成后必

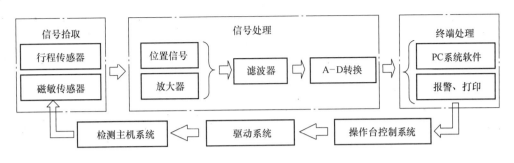

图 5-27　在线检测方案

图 5-28　多绳提升系统卷扬机

须退出检测位置，不对提升系统的使用、维护等造成任何影响。根据上述要求，所设计出的检测主机如图 5-29 所示。

　　图 5-29 中探头使用的即是上文中提到钢丝绳在线检测探头；弹簧的作用是将探头固定在浮动跟踪机构 Y 向滑轨的中点，保证钢丝绳在 Y 向振动时，探头能跟踪两个方向的运动；举升气缸和摇臂能将探头送到特定的角度，保证探靴的轴线和钢丝绳的 X 向重合；主机箱里集成了信号采集、数据预处理和电磁阀等单元；推进气缸能够在启动系统后将主机箱推向检测工位，而在检测完成后又将主机箱拉回到初始工位；地面导轨固定在操作室的地面，为整个检测主机提供支撑和运动的平台。

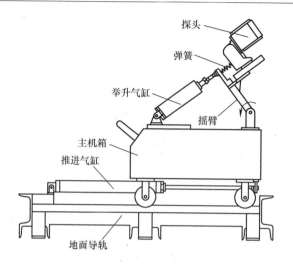

图 5-29 检测主机

该检测主机在 PLC（可编程序控制器）控制下完成检测功能，检测流程如图 5-30 所示。

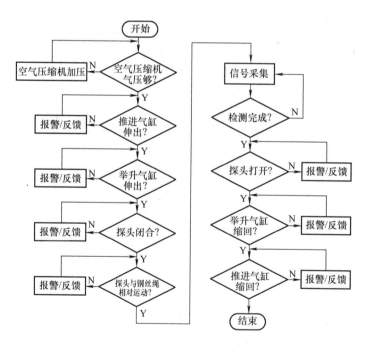

图 5-30 系统检测流程

其检测步骤包括：

1）启动系统，PLC 控制空气压缩机工作，使其达到设定压力。

2）PLC 控制推进气缸动作，将主机推到检测工位。

3）PLC 控制举升气缸动作，将摇臂上的探头送到检测工位。

4）PLC 控制探头内部的气缸，使得剖分式探头形成对钢丝绳的环抱形式，即形成穿过式探头形式。

5）摩擦式提升机开始工作，卷扬机牵引钢丝绳沿 X 方向运行，使得检测探头与钢丝绳之间相对运动，此时 PLC 控制信号采集、信号处理，将探头拾取到的信号经由显示系统显示出来。

6）检测结束，在 PLC 控制下，信号采集等作业结束，探头内部气缸打开，将穿过式探头再变成剖分式探头。

7）PLC 控制举升气缸收回，使得探头与钢丝绳脱离接触。

8）PLC 控制推进气缸收回，使得主机退出检测工位。

9）PLC 回到初始状态，在确认所有设备都还原成初始状态，即完成一次检测作业后，停机。

第6章 索道钢丝绳电磁检测

索道的高效、经济、节能、舒适、快捷以及对环境影响轻微等优点日益得到人们的公认。到目前为止，全世界的客运索道已达3.2万条，货运索道的数量与此相当，且每年以10%左右的速度递增，索道的建设发展迅速。

6.1 索道的形式与检测特点

如图6-1所示，客运架空索道是一种能跨山、越河、适应各种复杂地形的运输工具，同时还具有游览、观光的作用，是森林公园和各种风景游览区一种理想的输送游客的交通工具。随着索道建设要求的不同，索道的结构形式也将不同。

图6-1 客运架空索道

客运架空索道的主要类型及特点如下：

1）单线循环式固定抱索器索道。一般能适应我国大多数景区的地形要求，具有结构简单、维护方便、投资较少、建设周期短等特点。在我国已建索道中占有较大比重（约占60%）。

2）单线循环脉动式索道。是一种吊具为成组成对吊厢式索道，适合沿线支架跨距较大、距地较高的线路，并具有上下车方便的特点。

3）往复式索道。主要用于跨越大江、大河和峡谷，跨度可达1000m以上，并具有一定的抗风能力。

4）脱挂式索道。在线可高速行驶（7～8m/s），进站可停车上下乘客，具有运量大、适应线路长等特点；但设备复杂，投资较大。

5）拖牵索道。是一种乘客在运行中不离开地面的小型、简易索道，广泛用于滑雪场、滑沙场等娱乐场所。这种索道投资少，建设周期短，目前国内有50条左右，约占国内索道总数的20%。

索道钢丝绳无损检测的特点在于钢丝绳上固定的支承和承载器具，如固定抱索器、支索器、托索器、压（托）索轮等。如果在检测时要求将这些器具拆下，则会增加检测的工作量，有时是不切实际的或不可能的。为此，要求实现不拆卸检测。根据不同的索道结构，钢丝绳检测仪在索道钢丝绳检测中的应用分为三种情况：装有固定抱索器的钢丝绳检测、承载索的检测、无附着器具的牵引和配重钢丝绳检测。其中，最后者可以采用通常的钢丝绳检测仪器和方法进行检测，前两种情况需要采用特殊的检测传感器。

6.2　索道钢丝绳无损检测方法

从20世纪90年代开始，EMT－B系列钢丝绳检测仪在我国索道钢丝绳检测中得到应用，对于不同结构形式的索道摸索出了合适的检测方法。

6.2.1　装有固定抱索器的钢丝绳检测

对于固定抱索器客运索道，为便于乘客上下车，运行速度一般低于1.5m/s。由于固定抱索器吊椅式客运索道的设备简单，使用维护方便，投资又省，一般在地形较平坦地区均可使用，尤其是在公园、滑雪场，因此在国内外得到广泛应用，建成总数已达万余条，占世界客运索道总数的60%以上。

固定抱索器的典型结构如图6-2所示。对有抱索器的钢丝绳进行检测，通常采用如下两种方法：

1）拆下固定抱索器，然后进行检测。

2）保留固定抱索器，逐个检测固定抱索器间的钢丝绳。

对于第一种方法，只适用于索道钢丝绳上固定抱索器的数目很少的情况，如脉动式结构的索道。如果索道钢丝绳上固定抱索器的数目很多，就会增加检测人员的工作量，并会

图6-2　固定抱索器的典型结构

降低工作效率。

对于第二种方法，减少了拆固定抱索器的时间，但增加了检测的时间。

在不拆下索道固定抱索器的情况下对索道钢丝绳进行精确的无损检测，其难点在于当钢丝绳检测传感器经过抱索器时检测器能自动地通过固定抱索器，且当固定抱索器经过检测器后检测器能够自动复位。为此，有如下两种解决方案。

1. 主动式传感器结构

检测传感器设计成剖分的两部分，采用主动控制的方式控制两个半边传感器的张开和合拢。红外传感器探测固定抱索器的到来，控制气缸动作，拉开下半边传感器，上半边传感器滑过抱索器后，气缸复位。

2. 被动式传感器结构

检测传感器设计成剖分的两部分，当抱索器到来时，采用机械式机构作用于抱索器的连接杆获得拉力张开下半边传感器，等到上半边传感器滑过抱索器后，由弹簧力复位下半边传感器。

上述两种方法均是可以实现的。主动式结构由于需要气源，在定期检测过程中不太方便；被动式结构便于携带，操作也较为灵活。

如图 6-3 所示，上探头与下探头通过铰链连接在一起，当抱索器通过传感器时，将撑开传感器上、下两个探头，使它们可以顺利通过抱索器。

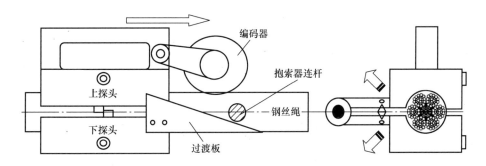

图 6-3　通过抱索器的传感器结构原理

图 6-4 所示为固定抱索器客运索道结构形式，图 6-5 所示为在苏仙岭索道采集到的通过抱索器时的钢丝绳检测信号波形。可以看出，当检测传感器通过抱索器时，检测信号在波形上表现为突变信号。突变信号沿钢丝绳轴向分布的长度为抱索器和 2 倍的检测传感器长度的总和，因而，这段长度的钢丝绳将无法检测而成为检测的盲区。然而，抱索器固定处的钢丝绳易于产生疲劳破坏，为了防止该区段钢丝绳先期折断，必须定期移动抱索器的固定位置。在不拆抱索器的情况对钢丝绳进行检测，为了防止漏检，必须对整根钢丝绳进行两次检测，

第一次检测后，将抱索器相对于原安装位置移动一段距离后安装，露出抱索器覆盖了的钢丝绳段，进行第二次检测。根据这一要求，安装有固定抱索器的钢丝绳，其检测的时间最好安排在每次移动抱索器前后进行，以减少劳动强度。

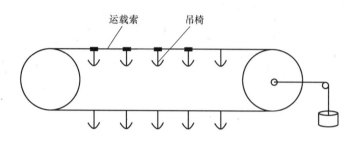

图 6-4　固定抱索器客运索道结构形式

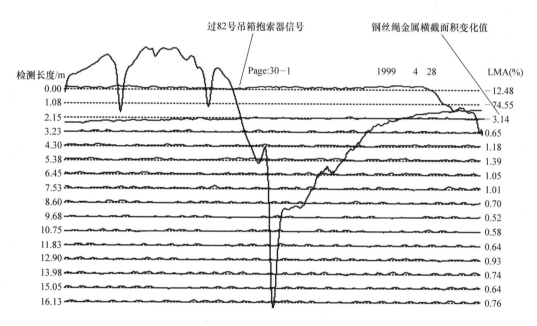

图 6-5　通过抱索器时的钢丝绳检测信号波形

6.2.2　脉动式吊厢索道钢丝绳检测

　　脉动式吊厢索道配置形式如图 6-6 所示，用一条无极钢丝绳套在驱动轮和迂回轮上，这两个轮子分别装设在起点和终点站内，在线路中间设有支架，支架上装有托（压）索轮用以托（压）住钢丝绳，线路上装有四组或六组吊厢，等距离挂在钢丝绳上。驱动轮带动钢丝绳运转，当吊厢组进站后，索道减为低速运行，出站后加速到高速运行。

　　对于该形式的索道钢丝绳检测，有两种检测方法：一种方法是采用普通钢丝绳检测传感器，当遇到吊厢时，可停住索道，拆下传感器跳过抱索器安装在吊厢的另一侧再运行索道进

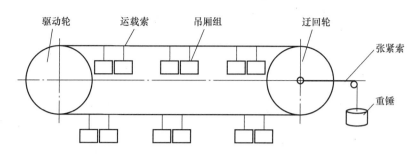

图6-6　脉动式吊厢索道配置形式

行检测。由于吊厢数量不多，移动传感器的工作量不是很大，检测花费的辅助时间较少。另一种检测方法如上述固定抱索器时的检测方法，这样可以减少拆装传感器时间，提高检测效率。但由于该类型索道的抱索器与固定抱索器有所不同，在进行传感器结构设计时要注意这一点。不管采取何种检测方法，与固定抱索器索道钢丝绳检测一样，要在吊厢组移动前后，分别进行一次检测，以保证整条钢丝绳的无漏检测。图6-7是杭州北高峰索道检测的信号波形。

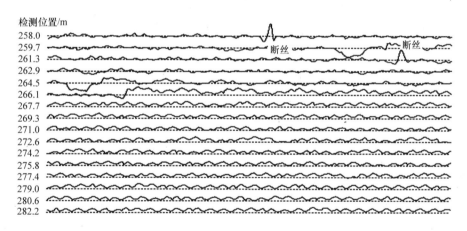

图6-7　杭州北高峰索道检测的信号波形

6.2.3　承载索检测

　　承载索检测时，要求检测传感器必须在钢丝绳上移动。与常规检测不同，这里要求索不动而传感器移动。通常是设计一连接装置，将检测传感器与客车上的滚轮连接起来，当客车运动时，带动传感器随之运动。由于承载索下方架设支索器，每个支索器一般有4个夹钳固定在承载索下方，且钳口的包角不小于225°。承载索检测时，检测传感器首先要考虑如何通过承载索鞍座和支索器，其次要考虑传感器如何在承载索上移动。对于第一个问题，考虑使用上半部传感器对承载索进行检测，这是由于客车车轮主要在承载索上半部分运动，该部分受力状况最差，很容易产生缺陷；至于传感器的运动，在现场采取与客车连接的方式，借助于现场的涂油装置，将传感器装在承载索上。通过信号线将检测信号传输到客车里，检测人员与计算机放置在客车中，这样，就可以完成承载索的检测，如图6-8所示。

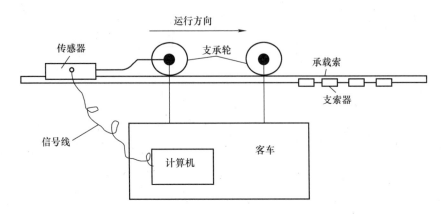

图6-8 承载索检测示意图

检测位置/m		LMA(%)
550.5		-2.27
551.6		-2.24
552.7		-2.27
553.7		-2.23
554.8	过支索器时检测信号	-2.33
555.9		-2.31
557.0		-2.42
558.0		-2.34
559.1		-2.31
560.2		-2.33
561.3		-2.38
562.3		-2.39
563.4		-2.40
564.5		-2.36
565.6		-2.37
566.6		-2.41

图6-9 承载索检测信号波形

检测中，在过鞍座和支索器时，为安全起见，要适当降低运行速度。图6-9所示为承载索检测信号波形。

检测中，当磁化场足够强时，承载索下半部分内的缺陷也能可靠检测。

承载索在站内轨道部分，由于客车在进站、出站时要反复加速、减速，因此该部分工作状况很差，要进行检测。衡山索道进站采用了硬轨，客车进站后直接在硬轨处上下人，消除了承载索因承重变化而产生的浮动，效果良好。

图6-10所示为承载索在进站过渡部分的检测信号波形。由于轨道采取金属材料制作，因此在传感器进出站部分有一过渡区域。图6-10中有一处异常信号，在第一次检测时认为

是内部断丝信号，第二次检测时进行了细致的分析和查看，发现是承载索下方的支承轨道的焊缝产生的。因此，当采用半边探测传感器检测时，要特别注意钢丝绳之外的铁磁性物体的影响。

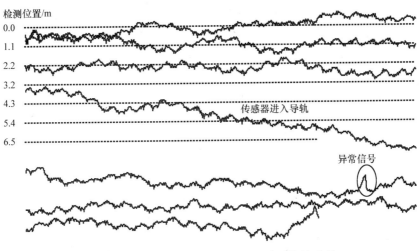

图 6-10　承载索在进站过渡部分的检测信号波形

6.2.4　脱挂式抱索器客运索道钢丝绳检测

脱挂式抱索器客运索道结构形式如图 6-11 所示。抱索器在客车进站后与运载索脱开，通过减速器降低速度，人员得以上、下车，继而通过加速器再提高速度，重新与运载索挂结，然后出站。站内运行过程较为复杂。分析钢丝绳在站内情况可知，在站内钢丝绳有一段始终无吊厢，因此，该形式索道的钢丝绳检测比较简单，只需

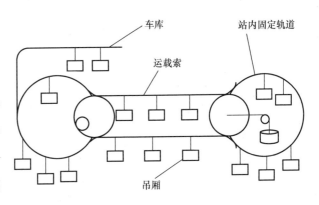

图 6-11　脱挂式抱索器客运索道结构形式

在站内选择一合适的检测位置，将传感器安装好，即可进行检测。

6.2.5　货运索道钢丝绳检测

货运索道与客运索道检测形式相差不大，但由于其结构形式的不同，检测测点的选择十分关键。下面以三峡工程浇坝缆机为例，论述货运索道钢丝绳的检测。

三峡缆机货运索道结构形式如图 6-12 所示。该货运索道是在三峡工地大江截流以后，

为完成三峡大坝的浇注工程而建的。在整个 5 年的浇坝时间内，不允许因钢丝绳事故影响工程进度，其主缆直径为 110mm，后拉索直径为 100mm，牵引索直径为 34mm。此次进行检查是在整个缆机即将调试完成进入使用阶段而进行的，主要原因是后拉索在运输过程中受到损伤。

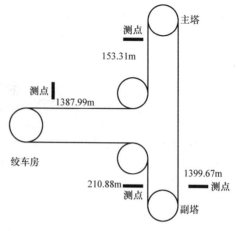

图 6-12　三峡缆机货运索道结构形式

此次检测工况如图 6-13 所示。此次检测的难点主要在于钢丝绳直径大，传感器安装移动困难。在实际现场采取吊车将一检测平台运送到指定部位，安装好之后，由人在地面拉动传感器进行检测，信号曲线如图 6-14 所示。经过去除各种干扰因素后，被检测段钢丝绳工作正常。

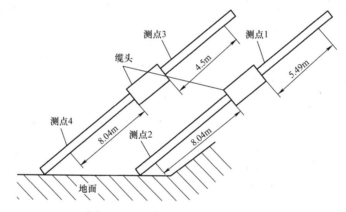

图 6-13　三峡工程后拉索检测工况

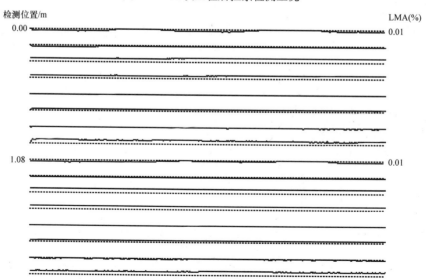

图 6-14　后拉索检测信号波形（LF 检测为八个独立通道）

牵引索检测选取四个测点后，实现全长检测，发现一根断丝。如图 6-15 所示，与实际工况符合。

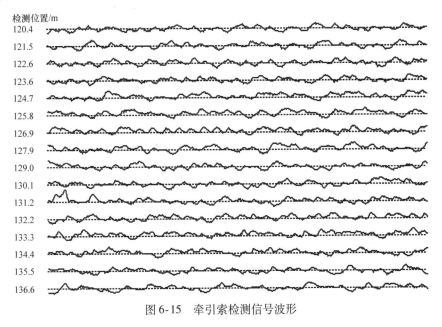

图 6-15　牵引索检测信号波形

6.3　索道钢丝绳检测的共性问题讨论

由于索道安全的重要性，各索道在设计和建造时，对钢丝绳的选取十分重视，大部分倾向于选择奥地利钢丝绳联合生产厂等国外钢丝绳厂的产品。但由于各种条件所限，也有采用国产钢丝绳的。同时，由于无极绳在索道中采取得特别多，不同的钢丝绳编接工艺在索道中应用得很多。如果从检测信号波形进行分析，就会发现许多有趣的问题。

6.3.1　检测信号波形

图 6-16 所示为进口钢丝绳与国产钢丝绳在正常状况下的检测信号波形。从图 6-16 中可以看出，进口钢丝绳由于其在材料处理、成形工艺等方面的一致性好，信号表现得很平稳，股波信号分布均匀，而国产钢丝绳的信号比较零乱，表现我国在钢丝绳设计、生产方面与国外的差别。

6.3.2　编接头信号

图 6-17 所示为编接头钢丝绳检测信号波形，如果编接头端平整，编接时工艺好，则信号表现为正常突变信号，否则，信号紊乱。

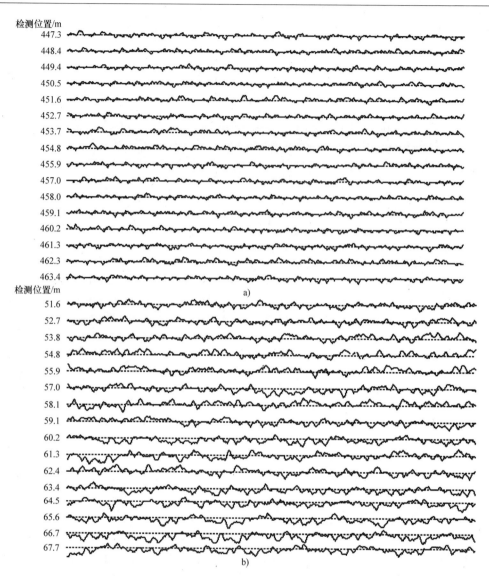

图6-16 进口与国产钢丝绳在正常状况下检测信号比较

a）进口钢丝绳检测信号波形 b）国产钢丝绳检测信号波形

从目前检测实践来看，采用仪器对索道钢丝绳检测后发现的断丝数量远多于人工检查记录的数量，因而，对于索道钢丝绳采用无损检测设备定期实行检查是十分必要的。对于索道钢丝绳的无损检测采用定期检测较为合适，定期检测的时间间隔可为一年、半年或根据钢丝绳上的缺陷发展情况选择更短的时间。

相比于其他应用的钢丝绳无损检测，索道钢丝绳的探伤相对困难，到目前为止仍然存在不足。对一些特殊的部位，如抱索器部位、绳头连接的桃形环部位、斜拉索的锚头区等还没有较好的电磁探伤手段，有待深入的研究。

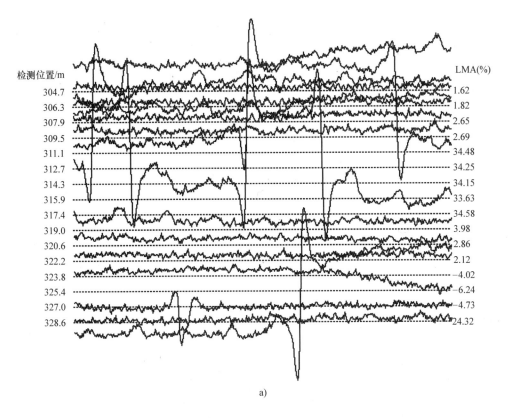

a)

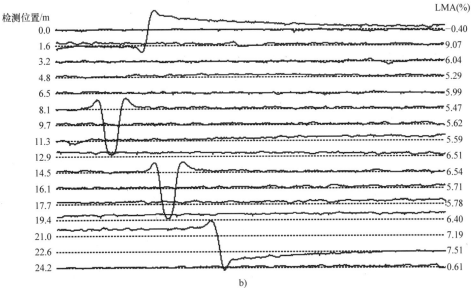

b)

图 6-17　编接头检测信号波形

a）编接头端不平整时的信号　b）编接头端平整时的信号

第7章　基于仪器探伤的钢丝绳评估方法

无损检测是钢丝绳安全评估的重要方法，是探测在役钢丝绳内、外部损伤的唯一手段。钢丝绳使用的相关国家和行业标准中，损伤状况是决定钢丝绳报废的重要依据，因此，无损检测结果的可靠性对标准的执行至关重要。

英国的 HSE、南非的 SIMRAC、加拿大的 CANMET 等管理机构开展评估钢丝绳检测仪能力的研究，为评价钢丝绳检测仪器性能以及检测数据的可靠性提供了依据。为此，本章首先介绍这一研究的部分成果，开展检测仪器的定量化评估，初步提出基于仪器检测结果的钢丝绳评估方法。由于运行中的钢丝绳精确评估十分困难，本章的研究以及其结论也仅仅是初步的，还有待于进一步研究。

7.1　钢丝绳报废标准中的量化指标

我国针对钢丝绳的报废制定了很多标准，典型的标准有 GB/T 5972—2016《起重机　钢丝绳　保养、维护、检验和报废》，GB/T 5972—2016 规定影响钢丝绳使用的损伤被划分为以下 12 个类型：①断丝的性质和数量；②绳端断丝；③断丝的局部聚集；④断丝的增加率；⑤绳股断裂；⑥绳芯损坏引起的绳径减小；⑦弹性减小；⑧外部及内部磨损；⑨外部及内部腐蚀；⑩变形；⑪由于热或电弧造成的损坏；⑫永久伸长率。这些缺陷中的前五个类型针对断丝，⑧、⑨两个类型针对磨损和锈蚀；⑥、⑦、⑩、⑪、⑫针对其他类型的缺陷。电磁方法所能检测的主要是以断丝为代表的 LF 类缺陷和以磨损为代表的 LMA 缺陷。

GB/T 5972—2016 对判断钢丝绳是否报废进行了下列描述：

1）断丝的局部聚集程度是钢丝绳强度急剧下降的标志。标准规定"如果断丝紧靠一起形成局部聚集，则钢丝绳应报废。如这种断丝聚集在小于 6d（绳直径）的绳长范围内，或者集中在任一支绳股里，那么，即使断丝数比表列的数值少，也应报废"。

2）断丝的增加率是钢丝绳强度下降的标志。标准指出"在某些场合，疲劳是引起钢丝绳损坏的主要原因，断丝则是在使用一个时期以后才出现的，但断丝数逐渐增加，其时间间隔越来越短。在此情况下，为了判定断丝的增加率，应仔细检验并记录断丝增加情况。判明这个'规律'可用来确定钢丝绳未来报废的日期"。

3）断丝的性质和数量。标准指出"对于6股和8股的钢丝绳，断丝主要发生在外表。而对于多层绳股的钢丝绳（典型的多股结构）就不同，这种钢丝绳断丝大多数发生在内部，因而是不可见的断裂"。标准中给出了判定钢丝绳报废的断丝数量参照表，规定了钢丝绳特定长度内的允许断丝数量。

4）绳端断丝表明该部位应力很高，可能是由于绳端安装不正确造成的，应查明损坏原因。标准规定"如果绳长允许，应将断丝的部位切去重新合理安装"。

5）绳股断裂是极端情况的集中断丝，标准规定"如果出现整根绳股的断裂，则钢丝绳应报废"。

6）磨损使钢丝绳的横截面积减小，因而强度降低。标准规定"当外层钢丝磨损达到其直径的40%时，钢丝绳应报废。当钢丝绳直径相对于公称直径减小7%或更多时，即使未发现断丝，该钢丝绳也应报废"。

7）腐蚀不仅减少了钢丝绳的金属面积从而降低了破断强度，而且还将引起表面粗糙并从中开始发展裂纹以致加速疲劳。严重的腐蚀还会引起钢丝绳弹性的降低。标准规定"当表面出现深坑，钢丝相当松弛时应报废"，"如果有任何内部腐蚀的迹象，则应按附录中的说明由主管人员对钢丝绳进行内部检验。若确认有严重的内部腐蚀，则钢丝绳应立即报废"。

主要国家对钢丝绳报废的典型规定见表1-5。钢丝绳报废标准中明确了以下信息：判定是否报废，首先必须确定损伤的类型，是断丝、磨损还是锈蚀，或者其他类型的缺陷；其次需要有损伤的量化值，如断丝数量、磨损量、直径缩小量等；最后，还需要了解损伤的位置和分布。

从前面的论述可以看到，当今的钢丝绳无损检测方法和仪器不可能一一对应地达到上述要求，仪器的检测能力和结果与标准的实施间存在不一致。问题是，这种不一致的程度如何？仪器检测结果如何帮助规范或标准执行？下面对国外和国内这方面的研究成果加以总结。

7.2 钢丝绳检测仪性能测试方法

基于电磁的钢丝绳无损检测在20世纪初就开始应用，但技术的发展却是局部的，未能形成完整的、体系化的规范，目前还没有一种国际性的标准来规范检测仪器检测能力的测试方法，也没有一种国际性的标准来规范这种检测方法实施过程中应该如何标定，致使应用中阻力重重！

在实际应用中，各国比较认同标样测试法：人工制造一组不同种类、不同结构的钢丝绳样绳，选择性地制作出量化的人工损伤，然后用这些样绳对仪器进行实验性测试，评定不同检测方法和各种检测仪器的探伤特性。制作的人工损伤主要包括断口大小、数量、分布、位置等；测试仪器的性能主要有精度、分辨率、敏感区域、稳定性等。

7.2.1　钢丝绳损伤的人工模拟与制作

标样测试方法实施的关键是样绳的制作。事实上，钢丝绳在使用过程中发生的损伤非常多、状态复杂，所以，人工模拟的损伤是片面的。由于制作难度大，一般仅能用典型的损伤评价仪器性能。

1. 数控电火花刻伤机

在钢丝绳损伤制作中，通常采用砂轮机作为切割和磨削的工具，但精度不高。最近发明的数控电火花刻伤机可以较好地解决这一问题。

数控电火花刻伤机专用于钢丝绳、钢管内外壁及各种钢材内外表面制作标准伤，以电火花放电刻蚀进行加工，可完成各种切口、磨损的制作。设备利用数字控制及伺服技术，制伤过程全自动完成，加工精度高，速度快，操作简便。图 7-1 是一种便携式数控电火花刻伤机，专用于制作人工槽、切断、成片金属成形去除。设备包括主机、运动机构和冷却循环系统三部分。主要参数为：①刻伤深度：$0 \sim 6\text{mm}$；②人工槽宽度：$0.10 \sim 2.0\text{mm}$；③人工槽长度：$1 \sim 50\text{mm}$；④数控步进值：$1\mu\text{m}$；⑤刻伤方向：任意；⑥刻伤深度精度：深度值 $\pm 4\%$；⑦质量：40kg。

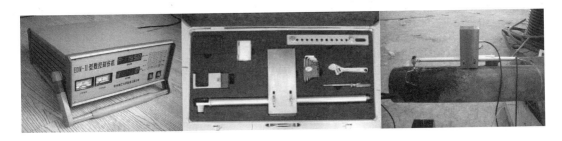

图 7-1　便携式数控电火花刻伤机

2. 断丝的模拟与制作

断丝的制作采用数控电火花刻伤机切断钢丝。可在一处切断形成小间隙断口，随着石墨片的厚度不同，切口宽度可从 0.1~2.0mm，也可在同一钢丝的两个地方切断，形成更长的断口或钢丝缺失。

外部断丝的制作相对容易，内部断丝则要困难一些。为了接触里面钢丝，可用专门的工具打开多股结构的钢丝绳，显露出内层钢丝，然后采用电火花刻伤机切断。

通常情况下需在钢丝断开的位置缠绕加强纤维玻璃带来保护样品，防止在搬运的过程中变形或损坏。对于外部断丝来说，这显得尤其重要。

3. 磨损的模拟与制作

磨损通常是钢丝绳表面的损耗。磨损在每种结构的钢丝绳中都存在，但是它在多股和 6 股的纤维芯钢丝绳中更普遍。与磨损量集中在单面相比，周边均匀的磨损对钢丝绳造成的损害要小。

数控电火花刻伤机采用刻疤工作方式，石墨片改为石墨块或铜块，内表放电面可以是平面，也可以是曲面，放电电蚀出与石墨块或铜块形状一致的加工面，移动钢丝绳可以形成比石墨块更长的磨损面。

4. 锈蚀的模拟与制作

确定锈蚀类型的问题在于可觉察的金属损耗比较少，而对于承受负载的影响巨大。用人工的方法准备这样的损耗是非常棘手和费时的。因此采用电火花刻伤机去除部分金属。

多股钢丝绳的锈蚀和上面描述的 6 股结构钢丝绳的锈蚀方式不同。对于多股钢丝绳来说，内部的锈蚀更普遍，尤其是在第一层和第二层之间。这种锈蚀方式很难用可视化的方式来检测，因为很难看到钢丝绳的内部，也很难建立一个量化模型。

选择注入物质到第二层里面而不除去它，这样必须找到一种和锈蚀物质性质相近的"碎片"。这样，使锈蚀的程度量化才变得可能。为此，两种形式的"碎片"被使用：铁屑和钢丝头。

5. 变形的模拟与制作

变形和磨损显著不同。前者是金属的变形，只是金属的滑动，在钢丝上形成一个平面，具有较硬的"翅形"边缘，疲劳裂纹容易最先从这里开始；后者是金属的变形，失去了一些金属。很明显，变形很难检测，在 LMA 曲线上也不会显示出金属的变形。

7.2.2　重复测试方法与装置

1. 检测探头往复运动的实验系统

如图 7-2 所示，样绳由支撑架张紧，探头由电动牵引系统拉动在钢丝绳上做往复运动。

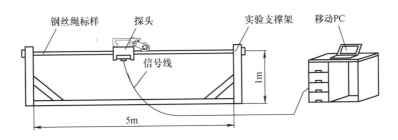

图 7-2　探头移动的测试装置

2. 钢丝绳往复运动的实验系统

如图 7-3 所示，辊道用来使钢丝绳沿轨道移动，压紧轮驱动样绳以设定的速度通过检测探头，并由控制系统实施钢丝绳的往复运动。

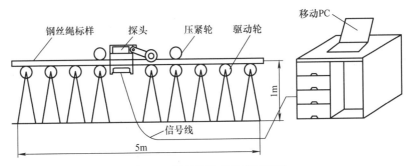

图 7-3　钢丝绳移动的测试装置

3. 钢丝绳循环运动的实验系统

将钢丝绳样绳两头接头对接，用辊轮带动做循环运动，可以实施高速（3~6m/s）状态下的测试实验，如图 7-4 所示。

图 7-4　钢丝绳循环运动的测试装置

7.2.3 断丝检测性能的定量测试

图 7-5 所示为 EMB – ϕ13 电梯钢丝绳
检测系统，其检测钢丝绳范围为 ϕ9 ～
ϕ13mm，下面对其断丝检测能力进行评估。

EMB – ϕ13 钢丝绳检测系统的检测对
象为电梯的提升钢丝绳，是一种 6 股钢丝
绳，有些钢丝绳，如 6 股和 8 股的钢丝绳，
断丝主要发生在外表，因此，在标样配置
时针对性地考虑外部断丝。评估的指标内
容如下：

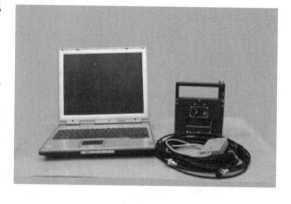

图 7-5　EMB – ϕ13 电梯钢丝绳检测系统

1）断丝检测分辨率。

2）断丝量化精度。

3）断丝检测稳定性。

4）断丝定位精度。

图 7-6 所示为钢丝绳标准试样的横截面图，该图给出
了断丝描述时所依据的坐标系统，按逆时针方向所出现的
第一股和第一根钢丝的编号为 1；钢丝绳标样的结构为 6 ×
19，麻芯，标称直径为 ϕ13mm。

测试时钢丝绳固定不动，移动检测探头对每一组标样
测试 100 次；最后统计分析和汇总。

1. 断口大小对检出率的影响

断丝检测分辨率评估的试样配置见表 7-1，断口宽度采
用等相对差方法配置，断口宽度为 0.6mm、0.8mm、　图 7-6　钢丝绳标准试样的横截面图
1.0mm、1.2mm、1.4mm、1.6mm。

测试步骤为：对每种断口测试 100 次；然后根据采集的数据提取断丝信号的信噪比
SNR，根据门限确定误检次数和次数，计算误检率 F 和检出率 P。测试结果汇总见表 7-2。

根据上述的方法确定的断丝分辨率是基于有限缺陷集的断丝分辨率，但该结果最小只能
评估到 0.6mm。

表 7-1　断丝检测分辨率评估的试样配置

序号	断丝数量	标样配置	备　注
1	1	$(N,1,\varphi_s^{(o)}1,1,\varphi_w^{(o)},w,1)$ $w/\mathrm{mm}=0.6,\ 0.8,\ 1.0,\ 1.2,\ 1.4,\ 1.6$ $\varphi_s^{(o)}=30°\sim30°+15\times360°,\ \varphi_w^{(o)}=-15°$	断口轴向间距 3 倍捻距

表 7-2　断丝检测分辨率的评估结果

	断口宽度					
	1.6mm	1.4mm	1.2mm	1.0mm	0.8mm	0.6mm
$A_B^{\inf}$	68	68	68	68	68	68
A_{bw}（avg）	148.32	128.01	119.63	117.99	113.94	110.38
SNR（avg）	2.18	1.88	1.76	1.74	1.68	1.62
SNR≥1.2 数量	104	104	100	101	107	99
SNR<1.2 数量	0	0	0	0	0	0
断丝处数量	101	100	94	98	101	97
F	2.9%	3.8%	6%	3%	5.6%	2%
P	97.1%	96.2%	94%	97%	94.4%	98%
ζ	2.99%	3.95%	6.38%	3.09%	5.93%	2.04%
预测	SNR（$w=0.4$mm）$=106.06/68=1.56$					

注：$A_B^{\inf}$：背景信号的最大峰峰值；A_{bw}（avg）：断丝信号的平均峰峰值。F：误检率；P：检出率；ξ：误检比。

2. 断丝根数量化精度及评价

断丝检测稳定性评估的试样配置见表 7-3，评估结果见表 7-4。

表 7-3　断丝检测稳定性评估的试样配置

序号	断丝根数	标样配置	备　注
1	1	$(N,1,\varphi_s^{(o)},1,1,\varphi_w^{(o)},2,1),\varphi_w^{(o)}=-15°,$ $\varphi_s^{(o)}=30°$	
2	2	$(N,1,\varphi_s^{(o)},1,1,\varphi_w^{(o)},2,1),\varphi_w^{(o)}=15°,-15°,$ $\varphi_s^{(o)}=30°+3\times360°$	断丝处轴向 间距为 480mm
3	3	$(N,1,\varphi_s^{(o)},1,1,\varphi_w^{(o)},2,1),\varphi_w^{(o)}=-15°,15°,45°,$ $\varphi_s^{(o)}=30°+6\times360°$	

表 7-4　断丝根数量化精度评估结果

	断丝 1 根	断丝 2 根	断丝 3 根	断丝 1、2、3 根
正判次数	99	93	96	90
错判次数	0	6	3	9
正确率	100%	93.94%	96.97%	90.91%

3. 集中断丝根数量化精度及评估

对 1~8 根集中断丝进行断丝量化能力测试，标样中的断丝配置见表 7-5，评估结果见表 7-6。

表 7-5　集中断丝试样配置

序号	断丝根数	标 样 配 置
1	1	$(N,1,\varphi_s^{(o)},1,1,\varphi_w^{(o)},2,1)$，$\varphi_s^{(o)}=30°$，$\varphi_w^{(o)}=-15°$
2	2	$(N,1,\varphi_s^{(o)},1,1,\varphi_w^{(o)},2,1)$，$\varphi_s^{(o)}=30°+3×360°$，$\varphi_w^{(o)}=15°,-15°$
3	3	$(N,1,\varphi_s^{(o)},1,1,\varphi_w^{(o)},2,1)$，$\varphi_s^{(o)}=30°+6×360°$，$\varphi_w^{(o)}=-15°,15°,45°$
4	4	$(N,1,\varphi_s^{(o)},1,1,\varphi_w^{(o)},2,1)$，$\varphi_s^{(o)}=30°+9×360°$，$\varphi_w^{(o)}=-30°,-15°,15°,30°$
5	5	$(N,1,\varphi_s^{(o)},1,1,\varphi_w^{(o)},2,1)$，$\varphi_s^{(o)}=30°+12×360°$，$\varphi_w^{(o)}=-45°,-30°,-15°,15°,30°$
6	6	$(N,1,\varphi_s^{(o)},1,1,\varphi_w^{(o)},2,1)$，$\varphi_s^{(o)}=30°+15×360°$，$\varphi_w^{(o)}=-45°,-30°,-15°,15°,30°,45°$
7	7	$(N,1,\varphi_s^{(o)},1,1,\varphi_w^{(o)},2,1)$，$\varphi_s^{(o)}=30°+18×360°$，$\varphi_w^{(o)}=-75°,-45°,-30°,-15°,15°,30°,45°$
8	8	$(N,1,\varphi_s^{(o)},1,1,\varphi_w^{(o)},2,1)$，$\varphi_s^{(o)}=30°+21×360°$，$\varphi_w^{(o)}=-75°,-45°,-30°,-15°,15°,30°,45°,75°$

表 7-6　集中断丝量化精度的评估

断丝根数	结果	数量	结果	数量	结果	数量	μ	2σ	相对误差
1	1	52	无	无	无	无	1	0	0
2	2	47	1	1	无	无	1.98	0	1%
3	3	50	无	无	无	无	3	0	0
4	4	48	4	29	无	无	4.40	0.49	−12.1%
5	5	19	7	47	无	无	6.94	0.12	15.7%
6	6	3	6	19	无	无	6.61	0.49	−5.5%
7	7	30	7	12	9	20	8.16	1.25	2%
8	8	18							

4. 分散断丝量化精度与评估

制作分散断丝标样测试仪器对分散断丝的检测能力，标样中的断丝配置见表 7-7，其中分布 1 为 6 根断丝集中在一股，分布 2 为 6 根断丝均布在两股，分布 3 为 6 根断丝均布在三股，分布 4 为 6 根断丝均布在六股。测试结果见表 7-8。

表 7-7　分散断丝量化检测精度评估的试样配置

序号	断丝分布	标 样 配 置
1	1	$(N,1,\varphi_s^{(o)},1,1,\varphi_w^{(o)},2,1),\varphi_s^{(o)}=30°,$ $\varphi_w^{(o)}=-45°,-30°,-15°,15°,30°,45°$
2	2	$(N,1,\varphi_s^{(o)},1,1,\varphi_w^{(o)},2,1),\varphi_s^{(o)}=30°,210°,\varphi_w^{(o)}=-15°,15°$
3	3	$(N,1,\varphi_s^{(o)},1,1,\varphi_w^{(o)},2,1),\varphi_s^{(o)}=30°,150°,270°,\varphi_w^{(o)}=-15°,15°$
4	4	$(N,1,\varphi_s^{(o)},1,1,\varphi_w^{(o)},2,1),\varphi_s^{(o)}=30°,90°,150°,210°,270°,330°,$ $\varphi_w^{(o)}=-15°$

表 7-8　分散断丝量化精度评估

断丝分布	结果 1	数量	结果 2	数量	结果 3	数量
1	6	30	5	10	7	9
2	6	14	5	1	7	19
3	7	16	8	38	9	3
4	6	32	5	5	7	11

断丝分布	结果 4	数量	μ	2σ	相对误差
1	无	无	5.98	0.79	-0.3%
2	8	8	6.5	0.76	8.3%
3	无	无	6.68	0.65	11.4%
4	无	无	6.13	0.65	2.1%

7.3　基于无损检测结果的钢丝绳评价

钢丝绳检测的目的不但要求得到钢丝绳缺陷全面而精确的几何参数，而且要为钢丝绳强度、寿命评价提供所需的参数，进而为实际钢丝绳的更换提供依据，因而，检测的结果应该是能够做到与钢丝绳评价所要求的参数相衔接，这才是合理和必要的。目前对钢丝绳状态的评价一般是从钢丝绳强度方面进行的，然而，由于钢丝绳几何形状的复杂性及使用状况的变化，钢丝绳的受力和报废条件差别非常大，从而对钢丝绳强度评价缺乏合理的可以由仪器测取的参数。国内外对钢丝绳的评价基本上是以钢丝绳实验成果为主要依据，然后结合钢丝绳破损实验结果进行的。根据前面的研究结果，可以采取以钢丝绳的实际金属横截面积损失为主要指标，确定钢丝绳的状态。但钢丝绳的金属横截面积是一个理论上比较抽象的概念，在钢丝绳的使用现场不容易被接受。本章将主要研究从钢丝绳检测现场的实际情况出发，以钢丝绳实际金属横截面积损失的表现形式（包括钢丝绳断丝、磨损、锈蚀等缺陷）为出发点，讨论钢丝绳无损检测仪器检测结果的评价以及钢丝绳状态的评价。

人们从使用钢丝绳的第一天起，就知道钢丝绳的一个重要特性就是钢丝绳不会突然断裂，但由于钢丝绳结构的复杂性，工作时承受着拉伸、弯曲、挤压、扭转等的联合作用，所以受力状况也很复杂。每根钢丝绳是由数十根钢丝组成的，是一个多次超静定的弹性体系，有不少学者想用高次偏微分方程来解钢丝绳内部每根钢丝的内力，进而对钢丝绳的使用寿命进行估计，但很难在具体实际中使用。这主要是由于影响钢丝绳寿命的因素很多，如应力（钢丝绳的受力）、轮绳径比、钢丝绳结构形式及材质、绕制工艺、润滑情况、环境温度、滑轮材质、滑轮绳槽形状等。如此繁多的因素要想由一个公式来精确计算使用寿命是困难的，因此各国多以实验及工业应用的经验为基础，保证足够的静强度来选择钢丝绳，这给钢丝绳的安全使用带来很多问题，因此在钢丝绳设计、制造、使用和维护中，钢丝绳破损和无损检测的实验研究结果起了很大的作用。

7.3.1 钢丝绳失效模型

钢丝绳破坏的主要原因可分为腐蚀、磨损和疲劳三种，钢丝绳的失效往往是上述三个因素综合作用的结果。钢丝绳的失效，除意外事故外，并非指钢丝绳的突然断裂，而往往表现为断丝、断股和直径缩小，使得钢丝绳的强度逐渐降低，最后达到强度极限而破坏。一般来讲，钢丝绳新绳悬挂后，通常在开始使用后不久，由于钢丝绳捻制结构的影响，钢丝绳结构变得紧密，载荷在钢丝绳中分布均匀，同时受力钢丝之间的内应力相互抵消，增加了同时断裂的钢丝数目，结果钢丝绳的破断拉力增加，随后由于钢丝绳中钢丝的强度损失，钢丝绳的破断拉力强度逐渐变低，到一定时期钢丝绳突然断裂。根据前面的分析，结合钢丝绳的实际使用状况，采用如图 7-7 所示的模型作为钢丝绳的使用失效模型。图中纵坐标钢丝绳的强度和横截面积是以新钢丝绳的强度与横截面积取 100 作为基准，表示钢丝绳在整个使用过程中的变化情况。

7.3.2 钢丝绳的强度分析

在钢丝绳实际使用过程中，有关钢丝绳失效的研究分析表明：由于在钢丝绳的选型中，

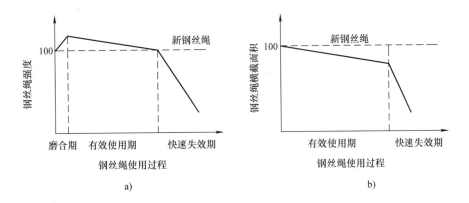

图 7-7　钢丝绳的使用失效模型

越来越倾向于采用选择系数方法，考虑了钢丝绳的抗弯曲疲劳强度、抗冲击载荷强度等的影响，所以钢丝绳的破坏主要是由于随着使用时间的增加造成钢丝绳抗拉强度降低形成的。故此，在钢丝绳使用过程中，钢丝绳强度的含义主要是指钢丝绳的整绳破断拉力。根据钢丝绳的强度标准，钢丝绳的整绳破断拉力 F 为

$$F = kF_e \tag{7-1}$$

式中，F_e 为钢丝绳中所有钢丝破断拉力总和，简称钢丝绳集中破断拉力，又称为钢丝绳集中强度；k 为钢丝绳系数，k 值的大小受到钢丝绳结构、润滑状况以及钢丝绳受力状况的影响，其值在 $100\% \sim k_{min}$ 之间变化。

　　在钢丝绳中，钢丝之间的接触应力可以根据赫兹公式进行分析。在钢丝绳未承受载荷之前，钢丝之间的接触关系如图 7-8a 所示，它们的接触面积等于零。压力作用后，接触部位便产生变形，如图 7-8b 所示，接触线变成一矩形的接触面，而接触点则变成一椭圆形（或圆形）的接触面，在接触面的各点上，相应于变形量的大小产生出按一定规律分布的接触应力。根据弹性力学的研究可知，当钢丝未发生磨损时，两两钢丝之间的接触应力增大，这些应力的轴向分力反

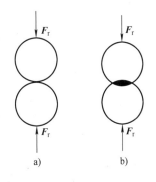

图 7-8　钢丝受力分析示意图

作用在钢丝绳的轴向拉力上，结果钢丝绳的整绳破断拉力小于钢丝绳中所有钢丝破断拉力总和；当钢丝绳发生磨损时，钢丝之间的接触面积增大，接触应力减小（表现为 k 值增大），这些减小的接触应力弥补了由于钢丝磨损减小的强度（F_e 减小），由式（7-1）知，结果钢丝绳整绳破断拉力在整个钢丝绳的有效使用期间变化不大。但到了钢丝绳使用后期，由于赫兹应力减小到零左右，此时，k 值已为定值，F_e 不断减小，减小的接触应力不能够抵消不断

增加的钢丝强度损失，这就造成钢丝绳的突然失效。由于钢丝绳中拉应力、弯曲应力的复杂性，不可能估计或决定接触应力及其对钢丝绳强度的影响。因此，采用无损检测方法也就不能决定钢丝绳整绳的破断强度，并且由前面的分析可知，钢丝绳的整绳破断强度并不能说明钢丝绳是安全的。所以，必须寻找其他可以测量并且能说明钢丝绳安全性能的参量。

7.3.3 钢丝绳强度损失的评价指标

设钢丝绳的承载载荷为 P，则 P 可以在 P_{max} 以下一段范围内变化。设 F 为钢丝绳整绳破断拉力，则 F 可以在 F_{min} 以上的一段范围内变化，当

$$P_{max} < F_{min} \tag{7-2}$$

时，钢丝绳可以安全使用。由前面的分析可知，当钢丝绳是一个新钢丝绳时，由于钢丝绳的润滑状况良好及其状态未受损伤，所以 k 值最小，即 $k_{min} = k_{new}$。设新钢丝绳的整绳破断拉力为 F_{new}，集中破断拉力为 F_{enew}，由式（7-1）可知，钢丝绳整绳破断拉力的损失 LBS 为

$$LBS = F_{new}\left(1 - \frac{F}{F_{new}}\right) \tag{7-3}$$

其相对损失百分比为

$$LBS\% = \frac{LBS}{F_{enew}} \times 100\% = \left(1 - \frac{F_e}{F_{enew}}\right) \times 100\% \tag{7-4}$$

钢丝绳集中破断拉力的损失 LAS 为

$$LAS = F_{new}\left(1 - \frac{F}{F_{new}}\right) \tag{7-5}$$

其相对损失百分比为

$$LAS\% = \frac{LAS}{F_{new}} \times 100\% = \left(1 - \frac{F}{F_{new}}\right) \times 100\% \tag{7-6}$$

钢丝绳报废准则的作用是保证钢丝绳在下一次检测之前不会突然破断。假设在对钢丝绳进行第 i 次检测，根据式（7-2）有

$$P_{max} < F_{emin}(i) = k_{min}F(i) = k_{new}F(i) \tag{7-7}$$

式中，$F(i)$、$F_{emin}(i)$ 分别为第 i 次检测时，钢丝绳整绳破断拉力和集中破断拉力的最小值。

则第 i 次检测时，钢丝绳整绳破断拉力损失的百分比 LBS $(i)\%$ 为

$$LBS(i)\% = \left[1 - \frac{F(i)}{F_{new}}\right] \times 100\% \tag{7-8}$$

其损失的最大百分比 $LBS_{max}(i)\%$ 为

$$\text{LBS}_{\max}(i)\% = \left[1 - \frac{F_{\min}(i)}{F_{\text{new}}}\right] \times 100\% = \left[1 - \frac{k_{\min}F_{\text{e}}(i)}{k_{\text{new}}F_{\text{enew}}}\right] \times 100\%$$

$$= \left[1 - \frac{k_{\min}F_{\text{e}}(i)}{k_{\text{new}}F_{\text{enew}}}\right] \times 100\% = \left[1 - \frac{F_{\text{e}}(i)}{F_{\text{enew}}}\right] \times 100\% \qquad (7\text{-}9)$$

因此，钢丝绳的最大破断拉力损失或钢丝绳集中破断拉力损失可以用来作为钢丝绳强度损失的评价指标。这与一般意义上的钢丝绳破断拉力有很大的区别，在钢丝绳使用中，定期从钢丝绳上截取一段做破损实验，由于操作的可能性和方便性，所截取的钢丝绳段不能保证是钢丝绳的最弱部位，以此数据来判断整个钢丝绳的强度是十分危险的，而式（7-9）虽然也是从钢丝绳破断拉力角度出发判断钢丝绳的状态，但它是基于式（7-2）进行的，只有求出第 i 次检测中，钢丝绳强度损失的最大量值之后，才能对钢丝绳的状态进行评价。并且由式（7-9）也可以知道，钢丝绳最大强度损失归根结底于钢丝绳中所有钢丝的破断拉力的损失，从检测的角度讲，该式排除了不可测量的量值钢丝绳系数 k，如果能够将钢丝绳中的每一根钢丝的破断拉力搞清楚，那么也就可以获取钢丝绳的状态。

根据这个指标，如果采用合适的检测仪器，详细了解横截面内钢丝绳中钢丝的损伤状态，及被检测钢丝绳全长中损伤处数的分布状态，根据其集中程度可以判断全长中最弱处的有效横截面积的大小以及该处钢丝绳强度的降低量。

1. 钢丝绳断丝检测结果的评价

进行钢丝绳无损检测的目的不仅仅在于获取断丝检测结果，更主要的是由检测结果对钢丝绳的状态进行评价，为钢丝绳的维护和合理更换提供科学依据。现场实践证明：钢丝绳在运行过程中，不仅出现外部断丝，而且内部也有。由于钢丝绳的结构和运行条件不同，钢丝绳内外部断丝的分布情况不同，相差很悬殊。通过对现场报废钢丝绳进行整绳拉断试验和动载冲击试验表明，对已报废的钢丝绳，其报废段如磨损和锈蚀较轻，其强度的降低主要是由断丝横截面积减少而造成的，所以钢丝绳一个捻距内的断丝横截面积之和与其总横截面积之比的百分值即可视为强度降低的百分值。理解了这一点，对钢丝绳断丝定量检测的正确含义应该是，断丝定量不是指断丝根数，而指的是不同丝径断丝横截面积在一个捻距内的总和。这个含义在相关的起重机安全规程中体现得最为清楚，如：安全系数小于 6 时，钢丝绳的报废断丝数为总数的 10%，安全系数在 6～7 之间时，报废断丝数为 12%；安全系数大于 7 时，报废的断丝数为 14%；此外，报废断丝数均以细钢丝计算，绳中的一根粗钢丝，相当于 1.7 根细钢丝，例如，6×Fi（29）充填式钢丝绳，安全系数大于 6 时，钢丝绳报废断丝数按下列方法计算：6 股×（22 根粗丝×1.7 系数 +7 根细丝）×12%÷1.7＝18 根。

研究表明：无锈蚀和磨损影响钢丝绳的突出特点是钢丝的抗拉强度几乎不降低。在许多试验结果中新旧绳的钢丝破断力无大差别。只是旧绳的个别试样因存在其他因素的少许影响，或个别钢丝已有疲劳裂纹，致使破断力略有降低，这时的钢丝拉断力（或抗拉强度）的降低值也在5%以内。由于钢丝抗拉强度降低很少，所以集中破断力的降低主要是由于断丝使钢丝绳有效金属横截面积减小而引起的。所以有效金属横截面积减少了多少，其集中破断力也就要相应地减少多少。然而，断丝并不会产生在同一横截面内，根据前面的分析，在钢丝绳一个捻距内的已断钢丝的横截面积之和，就可认为是钢丝绳有效横截面积的减小值。这样，就可以根据捻距断丝情况推算出钢丝绳的强度损失。如果忽略钢丝抗拉强度的变化，则对于新绳和有断丝的钢丝绳的强度损失有

$$LBS\%_{max} = LAS\% = f\% \tag{7-10}$$

式中，$f\%$ 为金属横截面积损失系数，即一捻距内断丝面积占全部钢丝横截面积的百分数。对于用等直径钢丝捻制的钢丝绳，它等于捻距断丝百分数。

2. 钢丝绳磨损检测结果的评价

钢丝绳在操作时与其他物体接触并相对运动，产生摩擦，在机械、物理和化学的作用下，使钢丝绳表面不断磨损。磨损是钢丝绳最常见的损伤形式。以石油工业为例，据调查，石油用钢丝绳的主要失效形式是磨损。但是至今还没有一种计算方法能够确定钢丝绳的磨损程度。国外普遍采用评价钢丝绳磨损的方法，一种是根据验看钢丝绳外表面来评价；另一种是根据钢丝绳使用工作量即钢丝绳承受的载荷与工作行程之积来评价。前一种方法带有很大的人为因素，并且无法对内部磨损进行评判；后一种方法主要适用于钢丝绳载荷变化不大，但事实上是很困难的。

钢丝绳的磨损可以分为外部磨损、变形磨损和内部磨损。典型的外部磨损有单周磨损和圆周磨损两类，如图7-9所示，这类磨损造成钢丝绳有效金属横截面积减少。而内部磨损、变形磨损一般多与锈蚀同时产生和发展，并且对钢丝绳金属横截面积变化的影响不大，反映在磁检测信号中的特征不明显，因此对于内

单周磨损　　　　　　　圆周磨损

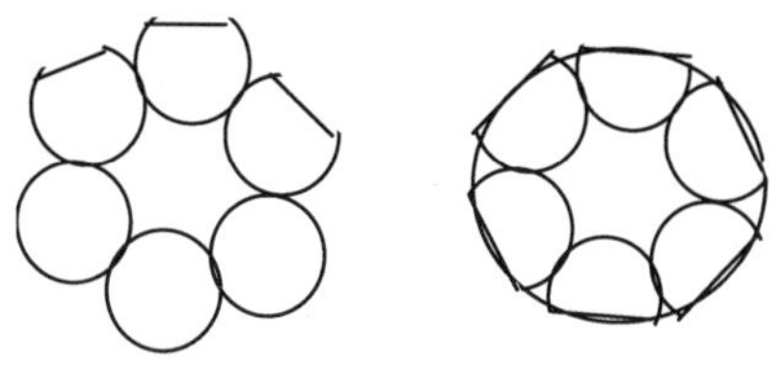

图 7-9　钢丝绳外部磨损

部磨损和变形磨损的检测和评价比较困难，必须结合其他因素的影响。对于这个问题，将在锈蚀部分进行详细说明。下面讨论外部磨损的状态评价。

钢丝绳破断实验表明：在钢丝绳沿圆周磨损的情况下，磨损度小的时候，横截面积的减少率是接近于钢丝绳的强度降低率的。可是当磨损增大以后，钢丝绳强度降低上升加速。在局部磨损的情况下，钢丝破断后，横截面积减少率几乎和强度降低率相同。根据上面磨损对

钢丝绳强度影响的分析，结合式（7-9），对于钢丝绳磨损的强度评价可以分为两部分：首先采用钢丝绳直径测量仪对钢丝绳直径进行多个方向的测量，如果钢丝绳直径变化在各个方向上差别不大，可以认为是圆周磨损；如果钢丝绳直径变化量在某两个方向相差很大，可以认为是单周磨损。对于单周磨损，根据上面的分析有钢丝绳强度损失的计算公式为

$$LBS\%_{max} = LAS\% = LMA\% \tag{7-11}$$

式中，$LBS\%_{max}$、$LAS\%$、$LMA\%$ 分别指由于单周磨损造成的钢丝绳最大破断拉力损失、钢丝绳集中破断拉力损失及钢丝绳横截面积损失。

对于圆周磨损，情况则稍微复杂一些，以外层钢丝横截面积损失 30% 的 $6 \times 7FC$ 结构的钢丝绳为例，如图 7-10 所示，结合式（7-9），为了测定钢丝绳中所有钢丝的集中破断力，必须考虑到钢丝绳中每个股的表层钢丝都呈螺旋线结构，沿着钢丝绳轴向长度方向，每个表面钢丝都将呈现出如图 7-10 所示的位置，考虑到一个远小于恢复长度的范围，所有的 36 根表面钢丝都将影响钢丝绳的集中破断力，而不仅仅是图示的 6 根钢丝，

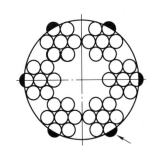

图 7-10　$6 \times 7FC$ 钢丝绳圆周磨损

这意味着对于该种结构的钢丝绳，此时钢丝绳集中破断力损失的百分比为 $LAS\% = \dfrac{6 \times 6 \times 30\%}{6 \times 7} = 25.7\%$，而不是 $LAS\% = \dfrac{6 \times 30\%}{6 \times 7} = 4.3\%$，因此，对于这种情况，引进保留强度 S_r（strength reservation）的概念，保留强度定义为除了每股表层钢丝之外的所有钢丝破断力之和。根据这个定义，对于 $6 \times 7FC$ 结构有：$S_r\% = 1/7 = 14\%$，依据保留强度的概念，对于圆周磨损的钢丝绳强度损失有如下计算公式，即

$$(LBS\%_{max})_{yz} = (LAS\%)_{yz} = \frac{(LMA\%)_{yz}}{S_r\%} = 100 \tag{7-12}$$

式中，$(LBS\%_{max})_{yz}$、$(LAS\%)_{yz}$、$(LMA\%)_{yz}$ 分别指由于圆周磨损造成的钢丝绳最大破断力损失、钢丝绳集中破断力损失和横截面积损失。

3. 钢丝绳锈蚀检测结果的评价

由于钢丝绳发生锈蚀后，锈蚀处的磁导率大约是钢丝绳磁导率的 1/25，这就是说，当将钢丝绳磁化后，在该处有可能发生磁力线泄漏，与该处充满空气的漏磁场比较起来，磁力线的泄漏是很微弱的。采用漏磁场方法获取缺陷信号，由于锈蚀一般是在钢丝绳上均匀出现的，可以利用多个漏磁场传感器包围在钢丝绳的圆周，把整个圆周的漏磁场都提取出来，合成一路信号，这样将增大缺陷信号。由于信号的叠加，获取的缺陷信号明显增加，如图7-11

所示。此时从信号特征上看，锈蚀信号与断丝信号很难区别开来，为此必须研究锈蚀信号的处理方法。如前所述，由于锈蚀一般出现较长，信号的频率有一定的规律性，对一定的信号进行频谱分析，从谱图幅值识别锈蚀程度。图中左端数值表示检测钢丝绳距离起始处的长度，单位为 m。

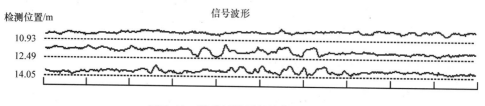

图 7-11　漏磁场检测锈蚀信号波形

对锈蚀除采取上述漏磁场方法外，还可以采用磁桥路检测原理。由于钢丝绳锈蚀后，钢丝绳金属横截面积发生变化，通过测量其变化可以获取锈蚀信息，计算出面积，确定出锈蚀面积与锈蚀程度的关系。图 7-12 所示为采用磁桥路检测原理测取的钢丝绳锈蚀信号波形。

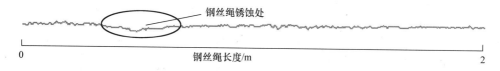

图 7-12　采用磁桥路检测原理测取的钢丝绳锈蚀信号波形

此外，还有学者研究了利用电涡流原理检测钢丝绳锈蚀的情况，获取了一些有益的结论。总之，由于锈蚀的复杂性，对锈蚀的检测必须采取多种方法，相互结合，相互补充，获取锈蚀的全面信息，为钢丝绳使用状态的评价提供可靠的信息。

实践证明：锈蚀对钢丝绳强度的影响很大，大大超过了断丝和磨损的影响。当前和今后，各矿井多采用异型股或线接触结构的钢丝绳，多数的矿井换绳时，其捻距和全绳断丝都不多，锈蚀对钢丝绳强度的影响远远比断丝和磨损复杂和严重。

根据作者在现场的实践经验，当钢丝绳发生点蚀或轻微锈蚀时，在局部横截面积损失检测信号上有反应；当钢丝绳发生严重锈蚀时，长型横截面积损失信号有反应，根据这一现象，提出了一种综合横截面积损失检测信号特征对钢丝绳状态进行评价的方法。首先，在被检测钢丝绳上选取一段，对该段钢丝绳的信号进行标定，确定出横截面积损失信号的基线。当钢丝绳上存在有锈蚀缺陷时，一方面由于锈蚀程度不均匀，钢丝绳各部分的磁性能发生变化，反映在局部横截面积信号中，就是突变信号增多，叠加在股波信号上的背景噪声频率升高，此时根据局部横截面积信号识别出的断丝根数增多，但由于产生断丝信号的实际状态并非断丝，因此，将由锈蚀缺陷引起的误判断丝称为当量断丝 f_d，由断丝定量识别软件可以识别出当量断丝面积，根据断丝评价公式有

$$(LBS\%_{max})_d = (LAS\%)_d = (f\%)_d \tag{7-13}$$

式中，$(LBS\%_{max})_d$、$(LAS\%)_d$、$(f\%)_d$ 分别指由于当量断丝引起的钢丝绳最大破断拉力损失、钢丝绳集中破断拉力损失及钢丝绳当量断丝面积。

依据式（7-13）可以计算出由短型横截面积损失信号确定的钢丝绳强度状态。另一方面，锈蚀的产生，使整个磁化段钢丝绳的金属横截面积减小，导磁性能降低，考虑到锈蚀发生情况的复杂性及其对钢丝绳力学性能影响远大于断丝和磨损，采用圆周磨损强度评价公式计算由于锈蚀造成的强度损失，即

$$(LBS\%_{max})_{dy} = (LAS\%)_{dy} = \frac{(LMA\%)_{dy}}{S_{dr}\%} \times 100 \tag{7-14}$$

式中，$(LBS\%_{max})_{dy}$、$(LAS\%)_{dy}$、$(LMA\%)_{dy}$ 分别指由于锈蚀造成的钢丝绳最大破断拉力损失、钢丝绳集中破断拉力损失及钢丝绳当量横截面积损失。

最后，将这两者相加，即

$$(LBS\%_{max})_x = (LBS\%_{max})_d + (LBS\%_{max})_{dy} \tag{7-15}$$

根据这个公式，当获取了横截面积损失信号后即可知道由于锈蚀造成的钢丝绳强度损失。

必须指出，上述对钢丝绳状态的评价公式似乎是以数学表达式推导出来的，但实际上包含了很多经验因素，因此，当采用无损检测技术获取了钢丝绳上各个位置的横截面积损失状况后，仍需有钢丝绳维护人员，结合钢丝绳的结构特征，包括钢丝绳的直径、捻距长度、钢丝绳中钢丝的直径和种类、钢丝绳的历史使用情况和使用人员的经验，给出钢丝绳的状态，确定适当的维护方法以及下次检测的时间和报废时间。

7.4　在役钢丝绳无损检测标准

7.4.1　现有钢丝绳标准体系

钢丝绳由于其结构、规格繁多，技术条件复杂，不但给钢丝绳无损检测带来很大的困难，而且给订货和使用带来一定的困难，订错货和不正确使用的情况时有发生，给企业带来了巨大的经济损失，也威胁着使用人员的生命安全。为了经济科学地使用钢丝绳，经过多年来的努力和研究，初步形成了我国钢丝绳标准体系，如图 7-13 所示。这一标准体系的不断完善，对于钢丝绳的生产、使用、维护发挥了重要的作用。但因钢丝绳引起的事故仍然不断发生，为了保证钢丝绳的安全使用，钢丝绳使用部门对钢丝绳的检查做了严格的规定。但各

钢
丝　→ 钢丝绳　术语标记和分类 GB/T 8706—2006
绳
标　→ 钢丝绳　验收及缺陷术语 GB/T 21965—2008
准
体　→ 钢丝绳　实际破断拉力测定方法 GB/T 8358—2014
系
　　→ 钢丝绳　弯曲疲劳试验方法 GB/T 12347—2008

图 7-13　我国钢丝绳标准体系

部门钢丝绳安全检测规程的实施基本上是以人工目视检查为主要手段，随着钢丝绳检测手段的增加，与破损实验不同，用于在役钢丝绳无损检测的原理和方法得到了广泛的研究，并逐渐在我国得到推广应用，因而迫切需要相关的标准规范无损检测仪器的指标以及无损检测结果的评价，让不同的应用部门和使用单位对检测结果具有统一明了的理解，使之成为异于破断拉伸试验之外又一类钢丝绳检验评价方法。

美国测试和材料协会制定了 E1571 电磁无损检测铁磁性钢丝绳标准，比较而言，我国虽然生产和使用钢丝绳无损检测仪器的厂家和部门很多，然而在这方面却还是空白。因此，有必要对无损检测在役钢丝绳制定相应的标准，规范钢丝绳无损检测仪器的研究制造和用仪器检测钢丝绳的操作规程以及检测结果的评判方法。下面结合作者在钢丝绳无损检测技术方面的研究成果以及所研制的仪器在现场的使用经验，谈一下自己在这方面的认识和看法。

7.4.2　对标准的讨论

E1571 标准是美国测试和材料协会根据其使用钢丝绳无损检测仪器的实际情况制定的。在该标准里，一个突出缺点就是尽管要求仪器提供与计算机的接口，但是对钢丝绳检测结果的记录仍然局限于模拟设备，如磁带机、笔式记录仪等，所谓的定量处理也只是给出了标定后的金属横截面积损耗缺陷曲线，对检测结果的评价仍然需要操作人员根据曲线进行评判，不可避免地受到人的主观因素影响。事实上，由于计算机技术、人工智能技术的飞跃发展，检测仪器的计算机化、智能化已经成为一种发展趋势。我国在钢丝绳无损检测方面虽然起步较晚，但在仪器的计算机化、智能化方面却迎头赶上，并且取得了长足的进步。具体表现在：

1）断丝的定量化。将人工智能和模式识别技术引入钢丝绳定量判别中，实现钢丝绳断丝根数的准确识别。我国生产的 MTC 型钢丝绳检测仪的输出结果，不但能给出各个位置的断丝根数，而且给出捻距内的断丝根数总和，根据钢丝绳报废标准给出钢丝绳最危险的位置。

2）钢丝绳直径的连续在线测量。检查钢丝绳直径是否发生缩细或增大（一般当钢丝绳发生内部锈蚀时，钢丝绳直径容易增大），是钢丝绳日常检测的一个重要内容，并且也是评判钢丝绳报废与否的一个重要指标。在这里，我国提出采用磁阻测量原理实现钢丝绳直径的非接触测量，最大测量直径为35mm；采用霍尔位移传感器实现钢丝绳直径的接触式测量，最大测量直径为100mm。两种测量方法都是基于磁检测原理的，精度达到±0.1mm。

3）钢丝绳磨损量的定量测量。尽管E1571标准对钢丝绳横截面积检测实现了定量化，并且达到了很高的水平，但我国近几年来在这方面也取得了巨大进展，采用基于磁桥路检测原理开发了自己的产品，这对我国产品走向国际市场有很大的优势，并且在不增加传感器体积和重量的情况下，实现了断丝和磨损检测的一体化，减轻了检测强度，对钢丝绳铁磁性金属横截面积测量的灵敏度大于$10mV/mm^2$。

综上所述，我国在钢丝绳无损检测研究与设备上并不比国外落后很多，有些方面甚至处于领先水平。为了能够应用无损检测技术，应尽快制定适合我国国情的标准。根据已经开展的工作，这一标准除具有E1571的内容外，作者认为在下述四个方面应予以强调：

1）钢丝绳无损检测设备的计算机化。由于在役钢丝绳的检测不是单点测量或对少量的测点检测，而是对几百米，甚至几千米的钢丝绳的每一部分都需进行检测，只有依靠计算机的大容量才能实现高分辨力的检测和记录，这是采用模拟式的笔式记录仪等所无法做到的。另外，钢丝绳不是单一的一次性检测，而是定期的或在线监测，检测结果反映的是不同运行时期的钢丝绳状况，只有将每次检测结果保存，才能对钢丝绳的状况进行相关分析、趋势分析以及对寿命进行预测，而这项工作只有通过计算机采用相应软件才能很好解决。

2）钢丝绳无损检测设备的定量化。定性的检测设备只能告诉钢丝绳上缺陷状况的有无，而不能告诉缺陷（如断丝）的量值（根数），而钢丝绳报废标准是以钢丝绳缺陷（断丝、磨损、锈蚀、直径等）产生的程度来评价的。因此，相对于人工目视检测而言，定性化检测设备可以及时地发现缺陷，是检测手段的进步。而检测的直接目标，不但要了解缺陷的有无（因为有时钢丝绳存在缺陷但仍能安全使用），更重要的是要知道缺陷的多少或大小，即定量化，这一点很难实现，但在实际使用中是十分必要的。正如长度等量的测量一样，不可能让无损检测设备绝对地精确，但应规定出工程应用中可以接受的精度或误差范围。

3）钢丝绳无损检测设备标定试样和方法的统一。由于钢丝绳品种繁多，结构各异，而无损检测设备对它们极其敏感。因而，对于检测设备就必须有统一的标定试样和方法，使得不同设备间的测量结果以及同一设备对不同钢丝绳检测结果具备可比较性。条件允许时可以如同破坏性试验一样，按照部门或行业建立适当的标准基地或站点。

4) 钢丝绳无损检测设备的"傻瓜化"。由于我国目前钢丝绳使用现场人员的素质较低,不可能要求每一位操作检测设备的人员都是该领域的行家里手,因此就要求检测设备的设计将如彩电、照相机一样简单,易操作,且检测结果不受人员素质和操作水平的影响,这就要求设备具有自诊断能力、自动测试能力和友好的交互界面等。

参 考 文 献

［1］ Chappuzeau H. Verfahren Zum Prüfen Der materialeigenschaften Langgestrecketr Magnetisier – barer Körper：German, 1487856 KL ［P］. 42k GR. 22, 1929.

［2］ Weischedel H R. A Survey of Wire Rope Inspection Procedures ［J］. Elevator World, 1981（12）：18 – 23.

［3］ Kitzinger F, Wint G A. Magnetic Testing Device for Detecting Loss of Metallic Area and Internal and External Defects in Elongated Objects：US, 4096437 ［P］. 1978 – 06 – 20.

［4］ Kitzinger F, Naud J R. New Developments in Electromagnetic Testing of Wire Rope ［J］. Canadian Mining and Metallurgical Bulletin, 1979, 72（806）：99 – 104.

［5］ Kitzinger F, Wint G A. Magnetic Testing Device for Detecting Loss of Metallic Area and Internal and External Defects in Elongated Objects：US, 4096437 ［P］. 1978 – 6 – 20.

［6］ Tomaiuolo F G, Lang J G. Method and Apparatus for Non – destructive Testing of Magnetically Permeable Bodies Using a First Flux to Saturate the Body and a Second Flux Opposing the First Flux to Produce a Measurable Flux：US, 4495465 ［P］. 1985 – 1 – 22.

［7］ 荣惠仙. TGS – 46.5 型钢丝绳直流电磁探伤器的使用与维护 ［J］. 煤矿安全, 1982（6）：20 – 25.

［8］ Wang Y S, Shi H M, Yang S Z. Quantitative Wire Rope Inspection ［J］. NDT Internatipnal, 1988（9）：993 – 1000.

［9］ Li J S, Yang S Z, Lu W X, et al. Space – domain Feature – based Automated Quantitative Determination of Localized Faults in Wire Ropes ［J］. Mater Eval, 1990, 48（3）：336 – 341.

［10］ 杨叔子, 康宜华, 等. 钢丝绳断丝定量检测原理与技术 ［M］. 北京：国防工业出版社, 1995.

［11］ British Standards Code of Practice for the Selection, Care and Maintenance of Steel Wire Ropes ［S］. BS6570：1986.

［12］ Chaplin C R. Prediction of the Fatigue Endurance of Ropes Subject to Fluctuating Tension ［J］. Bulletin, 1995, 70：31 – 39.

［13］ Chaplin C R. Safe Life Prediction of Offshore Mooring Ropes ［C］ PROC. MAR. TECHNOL. SOC. CONF. 1993：317 – 323.

［14］ Chaplin C R. The Inspection & Discard of Wire Mooring Lines ［J］. Noble Denton, 1992.

［15］ Hamelin M, Kitzinger F, Geller L B. Computer Predictions of Wire Rope Endurance Based on NDT ［J］. OIPEEC Round Table Reading, 1997（9）：103 – 110.

［16］ Semmelink A. Electro – magnetic Testing of Winding Ropes ［M］. Publisher Not Identified, 1956.

［17］ Harvey T, Kruger H W. The Theory and Practice of Electronic Testing of Winding ropes ［J］. Transactions of the SA Institute of Electrical Engineers, 1959.

［18］Hamelin M，Kitzinger F，Rousseau G，et al. Techniques to Better Exploit the Possibilities of Wire Rope Testing with Permanent – magnet Equipped Electromagnetic Instruments ［J］. Mining Technology，1995，77 （888）：249 – 256.

［19］Weischedel H R，Chaplin C R. Inspection of Wire Ropes for Offshore Applications ［J］. Materials Evaluation，1991，49（3）：362 – 365.

［20］ASTM AE1571 – 11：Standard D. Practice for Electromagnetic Examination of Ferromagnetic Steel Wire Rope ［J］. ASTM Book of standard，2001.

［21］Hansel J，Kwasnewski J，Lankosz L，et al. A Polish Standard PN – 92/G – 46603　Hoisting Wire Ropes，Calculations of Loss of Metallic Area ［S］. Warsaw：1992.

［22］李劲松. 钢丝绳状态在线自动定量检测原理与实践 ［D］. 武汉：华中理工大学，1991.

［23］康宜华. 钢丝绳断丝定量检测方法及仪器的研究 ［D］. 武汉：华中理工大学，1993.

［24］高红兵. 钢丝绳断丝若干定量检测问题与遥测技术研究 ［D］. 武汉：华中理工大学，1993.

［25］黄锐. 钢丝绳内部损伤自动定量无损检测技术及其装置的研究 ［D］. 武汉：华中理工大学，1994.

［26］谈兵. 钢丝绳缺陷定量检测技术及仪器的研究 ［D］. 武汉：华中理工大学，1995.

［27］刁柏青. 基于状态检测的钢丝绳缺陷诊断及其可靠性的理论与方法研究 ［D］. 武汉：华中理工大学，1995.

［28］胡阳. 漏磁计算机断层成像技术及漏磁场可视化技术的研究 ［D］. 武汉：华中理工大学，1998.

［29］武新军. 钢丝绳截面积损失的磁性无损检测原理与技术 ［D］. 武汉：华中理工大学，1999.

［30］陈厚桂. 钢丝绳磁性无损检测技术的评估方法及标准研究 ［D］. 武汉：华中科技大学，2006.

［31］袁建明. 在役拉索金属截面积测量方法 ［D］. 武汉：华中科技大学，2012.